Manual for Color of Furnishing

软装色彩教程

中装美艺　策划　　严建中　吴艳　主编　　刘卫军　特约主编

编委：

1. 黄志达（中国香港）
2. 杜恒
3. 赖旭东
4. 李保华
5. 吕爱华
6. 林冠成
7. 孟也
8. 德力设计（中国台湾）
9. 慧驰设计
10. 开放建筑
11. 玛黑设计（中国台湾）
12. 尚展设计（中国台湾）
13. Dan Pearlman（德国）
14. Hofman Dujardin（荷兰）
15. Giuliano Andrea dell'Uva （意大利）
16. Angelo Fernandes（英国）
17. Jean de Lessard（蒙特利尔）
18. Carols I Design（英国）
19. Studio Guilherme Torres（巴西）
20. Za Bor Architects（俄罗斯）
21. Dariel Studio（法国）
22. Richard Lindvall（瑞典）
23. Ryntovt Design（俄罗斯）
24. Camenzind Evolution（瑞士）
25. Index Architecture（澳大利亚）
26. Megabudka（俄罗斯）
27. PS Architect（保加利亚）
28. AS Scenario Interior Rarkitekter MNIL（挪威）
29. ONG & ONG（新加坡）
30. Concrete Architectural Associates（荷兰）
31. Studio Tilt（英国）
32. Mu oz Arquitectos Asociados S.C.P （墨西哥）
33. Red Group Design（澳大利亚）
34. Gemelli Design Office（保加利亚）

特别支持：世界向东传承助学导师

1. 郑树芬（中国香港）
2. 简名敏（中国台湾）
3. 施扬
4. 唐忠汉（中国台湾）
5. 谢天
6. 殷艳明
7. 张丰毅
8. Fabio Galeazzo（巴西）
9. Thomas Dariel（法国）

封面设计：Cesare Moncelli（意大利）

统筹编辑：夏扶摇

江苏凤凰科学技术出版社

目录 CONTENTS

前言 FOREWORD

人类自诞生之日起，就面临着对装饰的选择。可以想象，一个尼安德特女人吩咐丈夫，把一块平坦的大石头拖进他们居住的岩洞，然后将动物的毛皮拉过来铺于其上，做成一张桌子。又把打猎得来的野牛角做成碗摆在桌上，将吃剩的浆全部倒进去，一家人呢喃着表示碗的颜色刚刚好！这种早期的内部装饰尝试一定同现在一样，让人们充满成就感与满足感。

活在当代何其幸运，能够获得诸多关于室内装饰的指导。随便走进一家书店，都能买到有关室内设计的指南或者出自著名设计师的手记，书中展示了那些令人梦寐以求的知名宅第的设计过程，让人受益颇多的同时，甚至意欲将某些美好的画面据为己有。

但是，诚实一点吧！完全抄袭别人的品位创意，真的能够表达自我和诉说实感吗？家并不是样板间，而是与家人和朋友交流、放松、娱乐的地方。家是避风港，也是补给仓，更是安乐窝——因为住在家里的不只是身体，更重要的是心灵。

色彩发挥作用的地方就在于，无论身处何处，过着何种生活，也无论拥有何种物质、精神、灵魂需求，家居环境始终是影响身心平衡的首要因素。色彩能够提升生活品质，是促进情感、平复情绪的催化剂。不管你注意与否，再也没有一个地方能似家这般对你产生如此深远的影响。选对色彩与色彩组合，能够激发并放松你的感官，唤起幸福的回忆，拉近家人间的距离。

这本书里有许多色彩组合。通过对不同色彩的组合形成最佳的空间视觉效果，营造平静、美好、和谐、欢乐的主观感受。每个色彩家庭都有各自的历史和个性，能够与自己心灵相通的色彩才是最适合家庭的装饰色。

人在幼年时期，就已经对各种各样的色彩有独立的认识和偏好了。从此，色彩充斥着人们生活的全部，不同的色彩会产生不同的心理暗示和情绪效果，可以想象如果没有色彩，我们的生活将会如何黯淡无光、缺乏情趣。软装设计作品的好坏从根本上讲是色彩配比的问题，包括配色、配比、色彩造型以及色彩材质，这些决定了室内整体效果的优劣。设计师应该坚信："只有不恰当的配色，没有不可用的颜色"，任何颜色都是美丽的，色彩效果取决于不同颜色间的相互作用，同一颜色在不同的环境条件下亦有迥然不同的效果，因此如何处理好色彩间的协调关系，是软装设计师必学的关键。

对软装设计来说，色彩具有非凡的吸引力。首先，色彩是设计作品给人的第一感觉，配色中非常微妙的差异会形成截然不同的视觉效果。其次，色彩需要结合造型，恰到好处的结合能够强化造型的寓意并解释图像的表现力，烘托出意欲表达的特有情感氛围，给人超乎奇迹的感觉与想象。最后，色彩还要与材质相配合才能恰如其分地传递信息；作为设计师，必须熟悉色彩，了解色彩，把握色彩的脾性，使色彩规律融会于心，运用时才会得心应手。

世界向东传承助学导师殷艳明作品

色彩运用的基础就是研究色彩的来源、物理化学性质以及给人们带来的生理和心理体验，通过系统的色彩训练来培养和提升对色彩的感觉和敏锐度。本教程通过丰富的语言和精彩绝伦的色彩实践案例来加强和巩固读者对色彩的理解，在家居软装设计中，经常需要运用纺织和服装配色的方法来制定系统的室内色彩整合方案，通过对硬装、家具、布艺、灯具、装饰画和饰品的色彩整合设计来引发观者进一步体察设计用意，从而获得鲜明的视觉感受。

本书重点阐述了以下内容:

第一，重点论述正能量色彩搭配的由来。从配色基础入手，细述实用色彩搭配黄金法则，以及一系列吸睛配色方法。

第二，首次传授精彩绝伦的软装空间层次配色、色彩线形构图摆场及三角关系营造技巧，如此轻松的配色技巧彰显出色彩对空间陈设的影响力。

第三，软装秒摆，教你合理运用色彩再造、主题完善、故事植入、造型构建和材质整合等方法，快速提升或美化整个空间的展示效果。

第四，众多世界顶级设计师的软装配色案例分析，手把手教你软装配色实用技法。

第五，152 个软装配色方案速查，各种场景配色快速解决。

第一章

室内色彩搭配概论

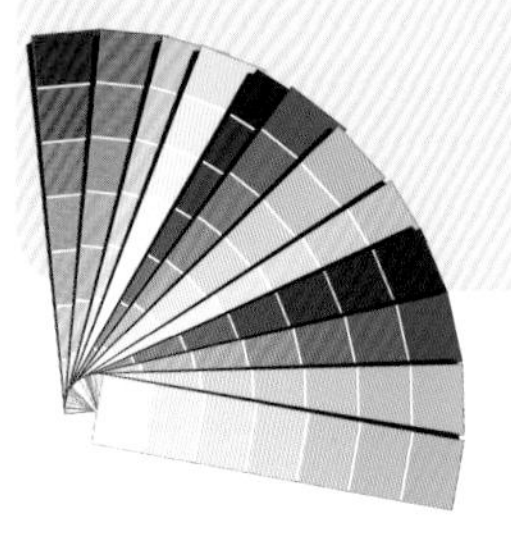

第一章 室内色彩搭配概论

一、室内装饰中的色彩运用

1. 空间的使用目的

根据不同的空间使用目的，考虑色彩的搭配、性格的体现、气氛的形成。比如，会议室要求肃穆的冷色系，而卧室则要求温馨的暖色系。

2. 空间的形式和大小

可以利用色彩来进一步强化或削弱各异的空间形式和大小，深色可以让空间显得收紧，而白色则有扩大空间的效果。

3. 空间的方位

在自然光线的作用下，不同方位的色彩也不尽相同，冷暖感可利用色彩来进行调整。

4. 空间使用者的类别。老人、儿童、男人、女人，对色彩的要求有很大的区别，色彩应契合居住者的喜好。如，老人需要安逸的冷色系，但绝不能产生消极感，蓝色、紫色就比较适合；儿童比较适合丰富的亮色系，但色彩搭配绝不能太过繁乱，以免分散精力。

5. 使用者在空间内的活动及使用时间的长短

考虑到色彩的色相、彩度对比等存在差别，长时间活动的空间，其色彩应避免产生视觉疲劳。

6. 空间所处周边环境的情况

色彩应与周边环境相协调，尤其室内色彩的反射可以影响其他颜色，室外自然景物的颜色也能反射到室内。

7. 使用者对于色彩的偏爱

一般来说，在符合色彩功能要求的前提下，应该充分发挥色彩在构图中的作用，合理地迎合不同使用者的喜好和个性，满足使用者的心理需求。

世界向东传承助学导师、亚厦设计院院长谢天作品

二、室内色彩的协调设计方法

1. 色彩的协调

室内色彩设计的根本问题在于配比，这是室内色彩效果优劣的关键，孤立的颜色无所谓美与不美。就这个意义来说，任何颜色都没有贵贱高下之分，只有不恰当的配色，没有不可用的颜色。色彩效果取决于不同颜色间的相互关系，同一颜色在不同的背景条件下，其色彩效果可以迥然不同，这是色彩所特有的敏感性和依存性，因此如何处理好色彩之间的协调关系，是配色的关键问题。

连续对比：色彩与人的心理、生理有密切的关系。比如，注视红色一定时间后，再转视白墙或闭上眼睛，就仿佛会看到绿色。此外，在以同样明亮的纯色作为底色的色域内嵌入一块灰色，如果纯色为绿色，则灰色色块看起来带有红色，反之亦然。这种现象，前者称为“连续对比”，后者称为“同时对比”。

色彩协调：视觉器官按照自然的生理条件，对色彩的刺激本能地进行调剂，以保持视觉上的生理平衡，并且只有在色彩的互补关系予以建立时，视觉才得到满足进而趋于平衡。如果我们在灰色的背景中观察一个中灰色的色块，那么就不会出现和中灰色不同的视觉现象。因此，中灰色就同人们视觉所要求的平衡状况相适应，这就是考虑色彩平衡与协调时的客观依据。色彩协调的基本概念是，由白光光谱的颜色，按其波长从紫到红顺次排列，这些纯色彼此协调，在纯色中加入等量的黑或白所区分出的颜色也是协调的，但不等量时就会不协调。例如，米色与绿色、红色、棕色是不协调的，而接近纯色的海绿色与黄色是协调的。在色环上处于相对地位并形成一对补色的那些色相是协调的，将色环三等分，形成一种特别和谐的组合。色彩的近似协调和对比协调在室内色彩设计中都是必要的，近似协调固然能给人以统一和谐的平静之感，但对比协调在色彩之间的对立、冲突所形成的统一和谐却更加动人心魄，关键在于正确处理和运用色彩的统一与变化规律。和谐就是秩序，一切理想的配色方案，其所有相邻光色的间隔都是一致的。

世界向东传承助学导师、杭州金白水清悦酒店设计有限公司董事长张丰毅作品

2. 室内色彩构图

色彩在室内构图中常可以发挥特别的作用：

1）引起或降低对某物的关注度；

2）使目的物变得更大或更小；

3）强化或削弱室内空间形式；

例如：为了打破单调的六面体空间，运用超级平面美术的方法，不依天花板、墙面、地面的界面区分和限定，自由任意地突出其抽象的彩色构图，模糊了空间原有的构图形式。

4）通过反射来修饰色彩。

三、室内六个面的色彩表现

由于室内物件品种、材料、质地、形式的不同以及彼此在空间内层次的多样性和复杂性，在室内空间六个面的设计中，室内色彩的统一性显然最为重要。

1. 背景色

如天棚、墙面、地面，占有极大的面积并起到衬托室内物件的作用。因此，背景色是室内色彩设计中应首先选择和考虑的问题。不同的色彩在不同的空间背景中所处的位置，对空间的性质、心理感受和情感反应可以造成很大的不同，一种特殊的色相虽然完全适用于地面，但当它用于天棚上时，则可能产生完全不同的效果。现将用于天棚、墙面、地面的不同色相做粗浅的分析：

●红色：纯红色除作为强调色外，实际上是很少用的，用得过分会增加空间复杂性，对其限制使用则更为适合。

天棚：干扰、重。

墙面：进犯、向前。

地面：留意、警觉。

●粉红色：除非特别具有少女情节，粉红色的配饰其实用的并不多，小女孩的房间是最适合的。

天棚：精致的、愉悦舒适的、过分甜蜜的，取决于个人喜好。

墙面：软弱，如不是灰调则太甜。

地面：过于精致，较少使用 。

●褐色：在某些情况下，褐色会唤起糟粕的联想，需慎用。

天棚：沉闷压抑、重。

墙面：如为木质则略显稳妥。

地面：稳定、沉着。

●橙色：橙色比红色更柔和，有更可相处的魅力，反射在皮肤上可以加强皮肤的色调。

天棚：发亮、兴奋。

墙面：暖和、发亮。

地面：活跃、明快。

●黄色：因黄色可见度较高，常用于有安全需求之处。另外，黄色比白色更亮，常用于光线暗淡的空间。

天棚：发亮、兴奋。

墙面：暖，如果彩度高会引起不舒服的感觉。

地面：上升、有趣。

●绿色：绿色与蓝绿色，为沉思和要求高度集中注意力的工作提供了良好的环境。

天棚：保险，但反射在皮肤上则缺乏美感。

墙面：冷、安静、可靠，如果是眩光则会引起不舒服的感觉。

地面：自然、柔软、轻松、冷。

●蓝色：趋向于冷、荒凉和悲凉之感。如果大面积使用，淡浅的蓝色由于受人眼晶体强力的折射，易使环境中的目的物和细部受到模糊性弯曲。

天棚：如天空，冷、重、沉闷。

墙面：冷、远，有利于拓展空间进深。

地面：结实，容易引起运动的感觉。

●紫色：心理上表现为不安和压制，扰乱视线焦点，很少用于室内。

●灰色：与所有中性色彩一样，灰色没有多少精神治疗的作用，主要作为底色使用。

天棚：暗。

墙面：令人讨厌的中性色调。

地面：中性。

●白色：缺乏考虑、乏味、平淡，容易引起眼睛疲倦，低彩度色彩与白色相对显得没有重点，白色之于老年人和恢复中的病人都略显悲惨。因此，从生理和心理的角度考虑，在大多数环境中不以白色或灰色作为支配色彩，是有一定道理的。但白色确实能容纳各种色彩，作为理想的背景也无可非议，应结合室内空间和周边环境的具体情况加以巧妙运用，扬长避短，以达到理想的效果。

天棚：空虚。

墙面：空、枯燥无味、没有活力。

地面：有禁止接触之感。

●黑色：不宜大面积使用，如厚重高档的天然黑色花岗石、大理石，作为背景或局部，使用得当可起到其他色彩无法代替的效果。

天棚：空虚沉闷、难以忍受。

墙面：不祥、有地牢感。

地面：奇特、难于理解。

2. 装饰色彩

门、窗、通风孔、博古架、墙裙、壁柜等部位的色彩必须与背景色建立紧密的联系。

3. 家具色彩

橱柜、梳妆台、床、桌、椅、沙发等，不同品种、规格、形式、材料的家具作为室内陈设的主体与背景色相互作用，常成为控制室内总体效果的主体色彩。

4. 织物色彩

织物可用于背景或重点装饰，包括窗帘、帷幔、床罩、台布、地毯、沙发、座椅等蒙面织物。室内织物的材料、质感、色彩、图案五光十色、千姿百态，与人的关系更为密切，在室内色彩中举足轻重，如不注意易成为干扰因素。

5. 陈设色彩

在室内色彩中，常作为重点色彩或点缀色彩的灯具、电视机、电冰箱、热水瓶、烟灰缸、日用器皿、工艺品、绘画雕塑等陈设，虽然体积小，但却能起到画龙点睛的作用，不可忽视。

6. 绿化色彩

盆景、花篮、吊篮、插花等不同的花卉和植物拥有不同的姿态色彩、情调和含义，容易与其他色彩相协调，对丰富空间环境、创造空间意境、加强生活气息、软化空间肌体具有特殊的作用。

世界向东传承助学导师殷艳明作品

四、背景色、主体色、强调色的运用

根据上述分类，常把室内色彩概括为三大部分：

背景色：对其他室内物件起衬托作用的大面积色彩；

主体色：在背景色的衬托下在室内占有统治地位的家居色彩；

强调色：面积小却是室内的重点装饰和点缀的色彩。

空间以什么色彩作为背景色、主体色、强调色，是色彩设计首先应考虑的问题。同时，不同色彩物体之间的相互关系所形成的多层次的背景关系也是需要着重考虑的，比如：沙发以墙面为背景，沙发上的靠垫又以沙发为背景，这样，对靠垫说来，墙面是大背景，沙发是小背景或第二背景。另外，在许多设计中，如墙面、地面，也不一定只有一种色彩，可能会交叉使用多种色彩，图形色和情景色也会相互转化，必须予以重视。色彩的统一与变化，是色彩构图的基本原则，所以应着重考虑以下问题。

1. 色彩主调或基调

主调更应贯穿整个建筑空间，从而给人以完整统一、深刻难忘、有强烈感染力的印象，主调一经确定，设计师不应再迷恋于市场上五彩缤纷的各种织物、用品、家具，而是要大胆地将这种色彩用于平时不常用该色调的物件中。在此基础上再考虑局部的、不同部位的适当变化，冷暖、性格、气氛都通过主调来体现。主调的选择是一个决定性的步骤，因此必须高度契合空间主题。即希望通过色彩来营造怎样的感受，是典雅还是华丽，安静还是活跃，纯朴还是奢华。比如贝聿铭先生设计的北京香山饭店在色彩上以接近无彩色的体系为主题，天棚、墙面、地面、家具、陈设，贯穿始终，这是为了营造江南民居朴素、雅静的意境。

2. 大部位色彩的统一协调

确定主调以后，就应考虑色彩的施色部位及其比例分配。主色调一般占较大的比例，而次色调只占小的比例。上述室内色彩三大部分的分类，在室内色彩设计中，决不能作为考虑色彩关系的唯一依据。分类可以简化色彩关系，但不能代替色彩构思，因为大面积的界面，在某种情况下，也可能作成为室内色彩的重点表现对象，例如，在室内家具较少时或周边布置家具的地面上，常作为视觉焦点而予以重点装饰。因此，可以根据设计构思，采用不同的色彩层次或缩小层次的变化，选择并确定图底关系，突出视觉中心，例如：

1）天棚和地面的色彩统一，以此突出墙面和家具；

2）墙面和地面的色彩统一，以此突出天棚和家具；

3）天棚和墙面的色彩统一，以此突出地面和家具；

4）天棚、墙面、地面的色彩统一，以此突出家具。

应注意的是如果家具和周围墙面距离较远，如大厅中岛式布置方式，那么家具和地面可看作是相互衬托的层次。这两个层次可采用对比的方法来加强区分，也可采用统一的办法来削弱变化或各为一体。在协调大部位色彩时，可以仅突出一两件陈设，即天棚、墙面、地面、家具的色彩统一，以此突出陈设，如墙上的画、书橱上的书、桌上的摆设、座位上的靠垫以及灯具、花卉等。由于室内各物件所使用的材料不尽相同，即使色彩一致，材料质地的差别也会在一定程度上彰显出色彩的丰富多彩，这种色彩的丰富性和变化性也是室内色彩构图中难得的有利因素。因此，无论色彩简化到何种程度都不会显得单调。色彩的统一，还可以通过限定材料的方式来实现，例如使用大面积的木质地面、墙面、天棚、家具等，也可以将色、质一致的蒙面织物用于墙面、窗帘、家具等方面。某些配置，如花卉盛具和陈设品，还可以采用套装的方式，以实现材料的统一。

3. 彰显色彩的魅力

背景色、主体色、强调色三者之间的关系绝不是孤立固定的，如果机械地理解和处理，必然显得千篇一律和单调。也就是说，要有明确的图底关系、层次关系和视觉中心，而且不能刻板、僵化，只有这样才能形成丰富多彩的视觉效果。

贝津铭（美国）作品——北京香山饭店

这就需要采用以下几种方式：

1）重复的呼应。将相同的色彩布置在关键性的位置上，从而控制整个室内的关键色，比如在家具、窗帘、地毯上布置相同的色彩，使其他色彩居于次要的、不明显的地位。

2）互换的色彩。为了使色彩之间相互联系、彼此呼应，形成统一的整体，可采用红色的沙发并在白色的墙面上将其衬托出来，而沙发上放置的白色的靠垫又衬托出红色的沙发。这种色彩图底的互换性，既是简化色彩的手段，也是活跃图底色彩关系的一种方法。这样才能构建视觉联系，达到唤起视觉运动的效果。

3）节奏的连续。色彩的规律性布置，容易唤起视觉运动，也称“色彩的韵律感”。当一组沙发、一块地毯、一个靠垫、一幅画或一簇花因为相同的色块而取得联系时，室内空间物与物之间的关系就像“一家人”，显得更有凝聚力。色彩的韵律感不一定用于大面积的铺陈，用于位置接近的物体则效果更佳，如墙上的画、坐垫、瓶、花等。

4）强烈的对比。色彩由于相互对比而得到加强，室内空间中一旦存在对比色，其他色彩则退居次要地位，视觉很快集中于对比色。通过对比，各自的色彩更加鲜明，从而加强了色彩的表现力。提到色彩对比，不要以为只有红与绿、黄与紫等色相上的对比，实际上采用明度的对比、彩度的对比、清色与浊色对比、彩色与非彩色对比常常要更多一些，有时也会减弱一些色彩，以此达到色彩构图的最佳效果。不论采用何种加强色彩力度的方法，其目的都是实现室内装饰的协调统一，加强色彩的孤立性。

总之，构建色彩之间的相互关系是色彩构图的中心环节。室内色彩可以划分为许多层次，色彩关系随着层次的增加而变得复杂或简单，根据不同层次间的关系可以分别考虑使用不同的背景色和重点色。背景色常用作大面积色彩，宜用灰调，重点色常用作小面积色彩，在彩度、明度上高于背景色。在统一色调的基础上可以采用加强色彩力度的方法，即通过重复或对比的方式来强化室内某一部分的色彩效果。室内的趣味中心或视觉焦点，同样可以通过色彩的对比等方式来加强效果。通过色彩间的重复、呼应、联系，加强色彩的韵律感和丰富感，使室内色彩于统一中有变化，不杂乱，不单调，色彩之间有主、有从、有中心，形成一个完整和谐的整体。

世界向东传承助学导师郑树芬（中国香港）作品

第二章

色彩搭配目录

第二章 色彩搭配目录

软装中最能表达情感的就是色彩搭配，色彩搭配是整个设计中最重要也是最难掌握的环节。

首先，一定要表达正能量，令人心情愉悦的色彩搭配是设计价值的最好表达。看似复杂纷呈的色彩搭配，其实是有规律可循的。可以从几个阶段来进行阐述学习并真刀真枪地精心演练。

第一阶段：分清色彩的各种色相以及色调的含义和使用方式。不同色调的色彩可以使人产生不同的感觉，冷暖、轻重、远近、明暗等，也会引起诸多联想，比如：

PS Architect 作品

红色：血的颜色，最富有刺激性，容易使人感到热情、热烈、美丽、吉祥、活泼和忠诚，亦可使人感到危险、卑俗和浮躁。

过多接触红色，会产生身心受压、焦虑浮躁、筋疲力尽等感觉。因此没有特殊情况，起居室、卧室、办公室等不应过多使用红色。

黄色：给人以高贵娇媚、光明喜悦的印象，可刺激神经系统和消化系统，有助于提高逻辑思维能力。

古代帝王的服饰和宫殿常用此色，但大量使用金黄色易出现不稳定感，引起行为上的任意性，因此用于家居装饰时最好与其他颜色搭配使用。

绿色：富有生机，是森林的主旋调。代表新生、青春、健康和永恒，也是公平、安静、智慧、谦逊的象征。有助于消化、镇静和促进身体平衡，对好动者和身心受压者极有益，自然的绿色有利于克服晕厥、疲劳和消极情绪。

蓝色：使人联想到碧蓝色的大海，抽象之后则使人联想到深沉、远大、悠久、理智和理想，也易引起阴郁、贫寒、冷淡等感觉，是一种极其冷静的颜色。蓝色能够缓解紧张的情绪，头痛、发烧、失眠等症状，有助于调整体内平衡，使人感到幽雅、宁静。

紫色：具有安全感。对运动神经系统、淋巴系统和心脏系统有抑制作用，可维持体内的钾平衡。

黑色：坚实、含蓄、庄严、肃穆，亦可使人联想到黑暗。

灰色：朴实之余，使人联想到平凡、空虚、沉默、阴冷、忧郁和绝望。

白色：清洁、纯真、清白、光明、神圣、平和等，亦可使人产生哀怜感和冷酷感。

第二阶段：样式的选择。

配置的三种样式：

意象明确且强烈的对决型。

PS Architect 作品

安定且有格调沉静感的中心型。

世界向东传承助学导师刘卫军作品

自由奔放且令人放松的散开型。

世界向东传承助学导师 Thomas Dariel（法国）作品

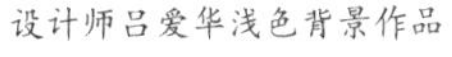

背景的三种类型：白底型、淡色型、深色型。

世界向东传承助学导师刘卫军白色背景作品

世界向东传承助学导师刘卫军深色背景作品

设计师吕爱华浅色背景作品

色彩的数量：少色数型、多色数型。

第三阶段：配色和调整。

配色——明确主角。

设计师吕爱华作品

调整——强调和融合。

世界向东传承助学导师简名敏作品

明确主角的几个方法：

1) 提高彩度；

2) 增大明度差；

3) 增强色相型；

4) 通过附加色烘托气氛；

5) 抑制配角；

6) 衬托主角并扩大领地。

配色工作完成后，重新审视肯定会发现一些问题，这需要对其进行强化和融合，强化和融合主要通过六方面来实现：

1) 增大或减少色相差；

2) 增大或减少明度差；

3) 分离和渐变手段；

4) 强化重点和重复；

5) 群化——统一为共同色；

6) 统一色价——色面融合。

第一节 配色基础知识

一、色相

色相是指由原色、间色和复色等构成的各类色彩的相貌称谓，如大红、普蓝、柠檬黄等，也是色彩的首要特征，是区别各种不同色彩最准确的标准，除黑、白、灰色外，任何色彩都有色相的属性。

最初的基本色相为：红、橙、黄、绿、蓝、紫。

按光谱顺序可以演化为：红、橙红、黄橙、黄、黄绿、绿、绿蓝、蓝绿、蓝、蓝紫、紫。

（红和紫中再加个中间色，可生成 12 个基本色相。）

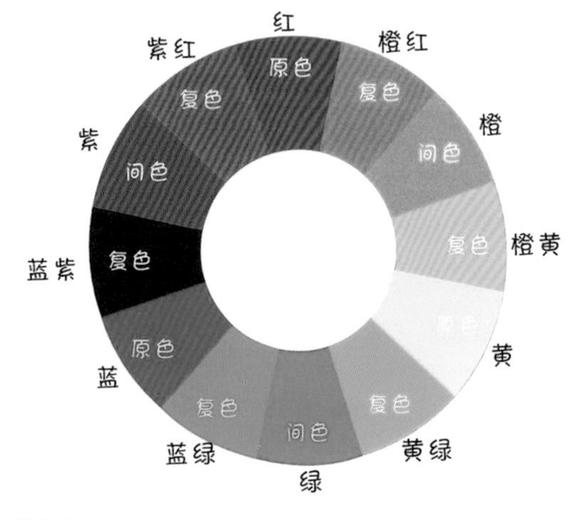

图示 1

这 12 个色相的彩调变化在光谱色感上是均匀的，如果进一步找出其中间色，便可得到 24 个色相。如果再把光谱的红、橙黄、绿、蓝、紫诸色带圈起来，在红和紫之间插入半幅，构成环形的色相关系，便称为“色相环”。基本色相间取中间色，即得十二色相环，如图示 1。再进一步便是二十四色相环。在色相环的圆圈里，各彩调按不同角度排列，则十二色相环每一色相间距为 30°。二十四色相环每一色相间距为 15°。

二、色调

色调是指一幅画中画面色彩的总体倾向，泛指大体的色彩效果。在大自然中经常能见到这样一种现象：不同颜色的物体或沐浴在金色的阳光下，或笼罩在轻纱薄雾似的淡蓝色月色中，或洋溢在秋季的片片金黄里，或包裹在冬季的银装素裹内。在不同颜色的物体上，覆盖着某一种色彩，使不同颜色的物体都带有同一色彩倾向，这样的色彩现象就是色调。

如图示 2 与图示 3，图示 4 与图示 5，图示 6 与图示 7，同样的事物因色调的改变而改变，画面中的色彩倾向也随之发生变化。

通常情况下，软装案例中色调可以借助灯光设计来满足不同需求的总体倾向，营造客户要求的情景氛围。

图示 2

图示 3

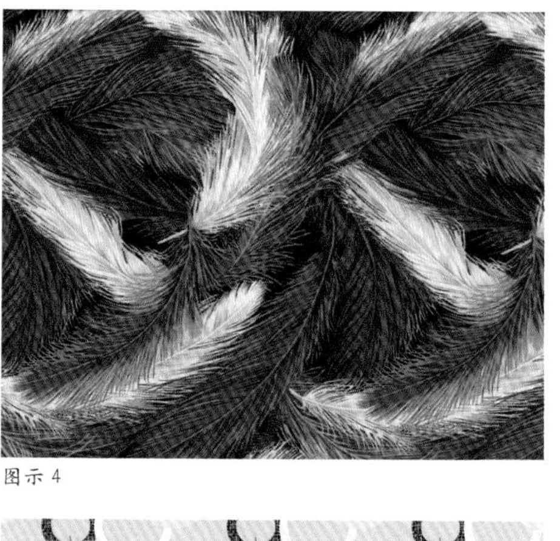

图示 4

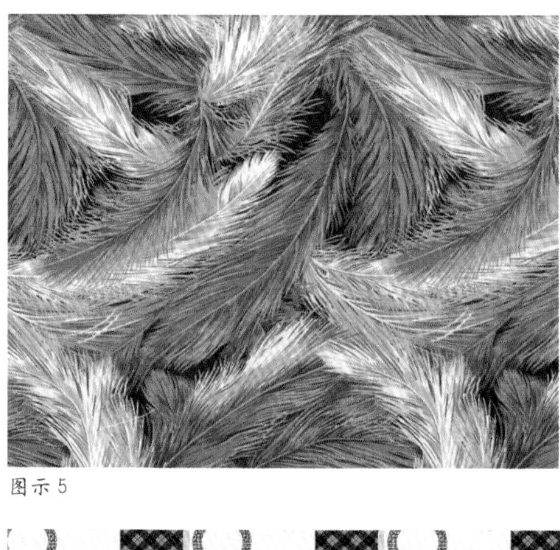

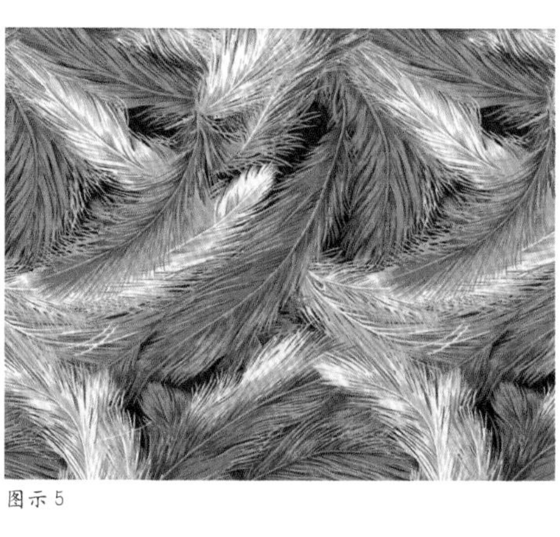

图示 5

图示 6

图示 7

三、色阶

图像亮度强弱的指数标准就是色阶，也称为“色彩指数”。在数字图像处理教程中，指的是灰度分辨率（又称为灰度级分辨率或者幅度分辨率），图像的丰满度和精细度是由色阶决定的。需要注意的是，色阶和颜色无关，只是颜色的亮度表示，其中最亮的是白色，最暗的是黑色。

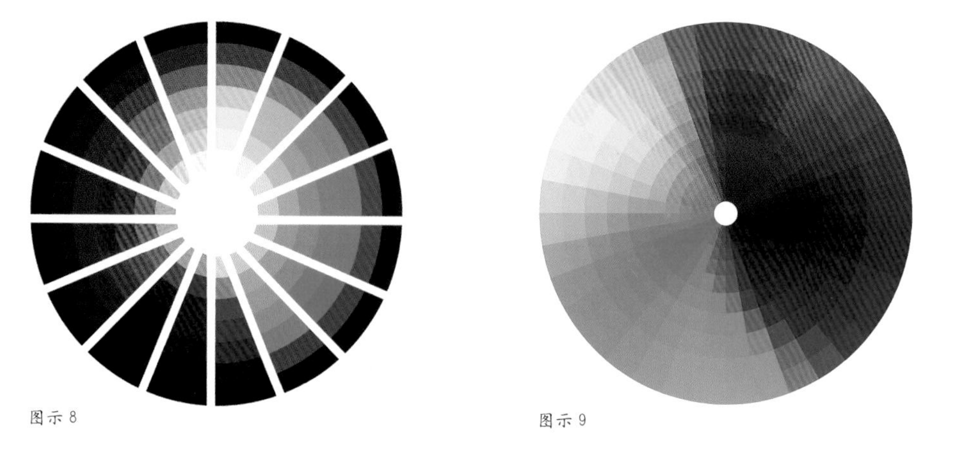

图示 8

图示 9

第二节 色彩搭配黄金法则

学习色彩搭配，首先必须了解配色比例：日本设计师 **まりっぺ** 曾经提出 75%、25%与 5% 的配色比例方式，其中的底色为大面积使用的底色，而主色与强调色则可以利用互补色的特性。如图示 10，70% 大面积使用主色，25% 为辅助色，5% 为点缀色。一般情况下建议画面或空间的色彩不宜超过 3 种，3 种是指 3 种色相，比如祖母绿与抹茶绿可以视为一种色相。

按照色彩规律，颜色用的越少越好。颜色越少，画面或空间表现就越简洁、易把控，作品也会显得更加成熟。

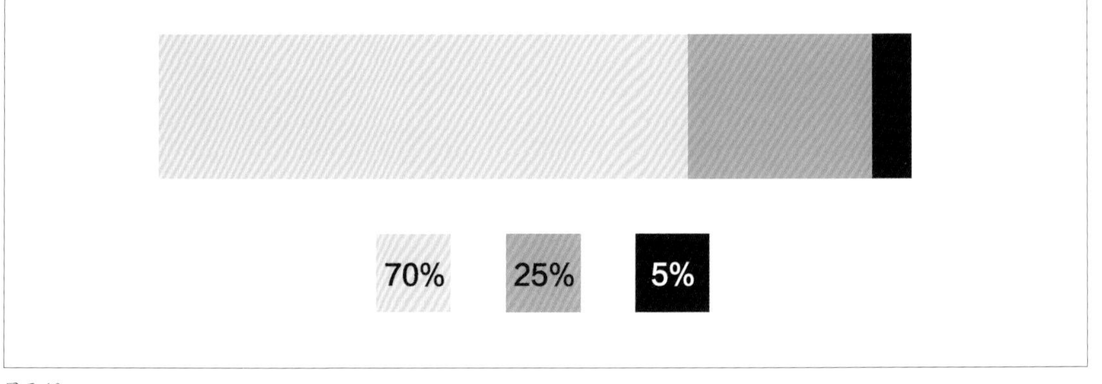

图示 10

如图示 11，如果使用三色色彩搭配的方式，就必须从现有的色彩分配中做切割，以避免影响整体配色比例，初学者慎用！

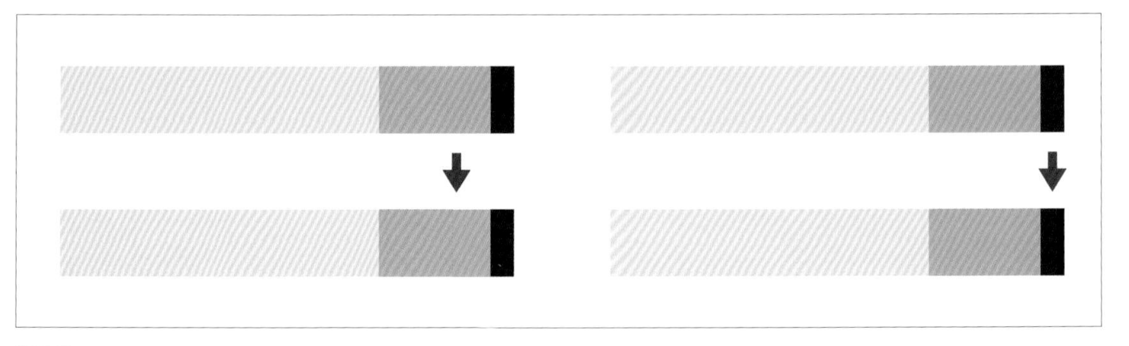

图示 11

世界上有无数种色彩，色彩搭配的方法亦有无数种。以上介绍的只是众多色彩搭配技巧中的一种经典运用法则。生活中有许多可以学习借鉴的例子，只要细心观察就会找到更多专属自己的色彩搭配方法，你也可以成为配色高手！

以下分别从国旗法则、民族服饰法则、儿童涂鸦、植物色彩、纹样色彩、景观色彩、动物色彩、奢侈色彩品 8 个角度入手并进行详细的分析，让设计师快速了解如何提炼精华，成长为一名娴熟的色彩搭配师。

一、国旗法则

世界各国国旗的色彩主要有红色、白色、绿色、蓝色、黄色、黑色等，它们各有一定的含义。比如：红色象征国家为独立和解放而斗争的精神；绿色是吉祥的标志；蓝色代表海洋、河流、天空。

这三种颜色在国旗中出现得最为频繁。每个国家和民族都愿意将各自的信仰和崇尚表现在国旗上，仔细分析就会发现，各国国旗和室内设计色彩都是有一定联系的。

图示 12

Spain 西班牙

红色与黄色是西班牙国家的传统色彩。黄色占据二分之一的比例，红色分占上、下两部分，中间是红色城堡和白底紫狮。这样的色彩组合彰显出热情如火的空间气质，象征着朝气蓬勃的无限活力。

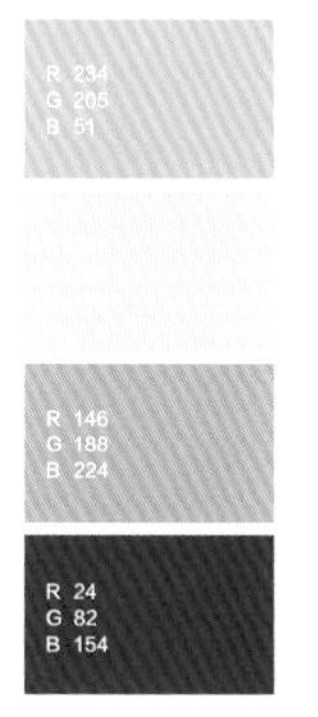

图示 13

Sweden 瑞典

如图示 13，瑞典国旗由蓝、黄两色组合而成，黄色是瑞典王徽皇冠的颜色。蓝底黄十字旗曾是瑞典国王的私人用旗和王家海军旗。关于瑞典国旗，一个说法是，相传在 1157 年，瑞典国王埃里克九世远征芬兰前向神祷告，突然看到如同金色十字架的光芒横越天空。根据这个传说，蓝底金十字与蓝底金王冠的图案成为瑞典的国家象征。另一个说法是，金十字是来自瑞典福尔孔王朝（House of Folkung）中的金色十字架，并以蓝底为本而设计了瑞典国旗。1906 年瑞典国旗的含义正式定为：从天而降的十字旗。

从瑞典国旗可以想象到瑞典的国土——碧蓝色的海水环绕着一片片绿地，望眼欲穿的森林、草地，鸟儿尽情欢唱，蝴蝶恣意飞舞，处处生机勃勃，展现了瑞典人民的文化精神及素养。

二、民族服饰法则

色彩感是美感中最大众化的形式，譬如特色的民族服饰，人们在注意它们千变万化造型的同时，还会注意到其鲜艳夺目、层次丰富的色彩。民族服饰之所以具有如此大的魅力，丰富的色彩感是重要原因之一。

据不完全统计，世界上大约有 2000 多个民族，因其服饰色彩各不相同，所反映出来的色彩感也极其丰富，这是学习色彩搭配最好的“百科全书”。其中，中国的少数民族尤为突出，如土族妇女衣服上的花袖由红、黄、绿、蓝、紫五种颜色组成，意为“彩虹”，其中具有一定的象征意义，如蓝色代表天空，绿色代表草地，红色代表太阳等。

从总体色彩的搭配效果来看，以下三个类型的民族色彩搭配方式基本可以概括民族服饰在色彩方面的表现形式，充分反映了各民族不同的审美理想和审美追求。

1. 明快素雅，秀丽和谐

明快素雅，指衣饰的色彩既鲜艳明朗、不阴暗晦涩，又不显得繁缛杂叠令人眼花缭乱，多以浅色调为主，忌大红大绿。

秀丽和谐，指色块之间和整套服饰配合协调，给人以和谐悦目的审美感受，彰显出一种优雅的秀美。

“明快素雅，秀丽和谐”的色彩搭配既合乎历代美学家所指出的美的规律，又具有现代精神。这样的色彩搭配以朝鲜族、傣族、白族、彝族的衣着服饰最为典型。

现代服饰对此类民族风的诠释，如图示 14。

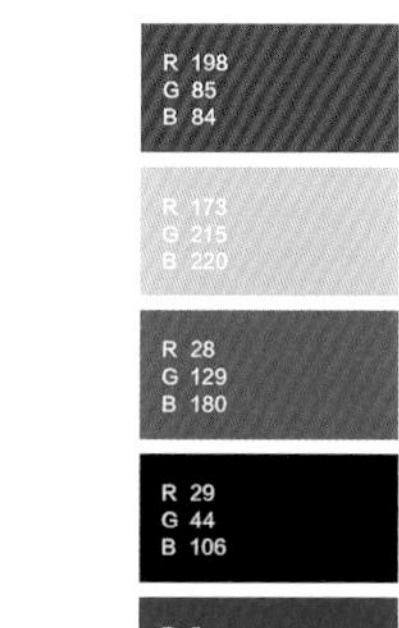

图示 14

2. 鲜艳斑斓，对比强烈

很大一部分少数民族的衣饰以大红、大紫、大蓝、大绿为特点色，色调和层次十分丰富，色块之间形成极大的对比和反差，给人的视觉印象十分强烈，所以用“鲜艳斑斓，对比强烈”作为这一类色彩搭配的概括。这类色彩感和现代人的审美需求有一定的距离，故而多流行于农区、牧区和山区。也正是因为如此，身着这类服饰的民族，民族特色十分突出，性格奔放热情。中国的蒙古族、苗族、畲族可作为此类民族的典型代表。

现代服饰对此类民族风的诠释，如图示 15、图示 16。

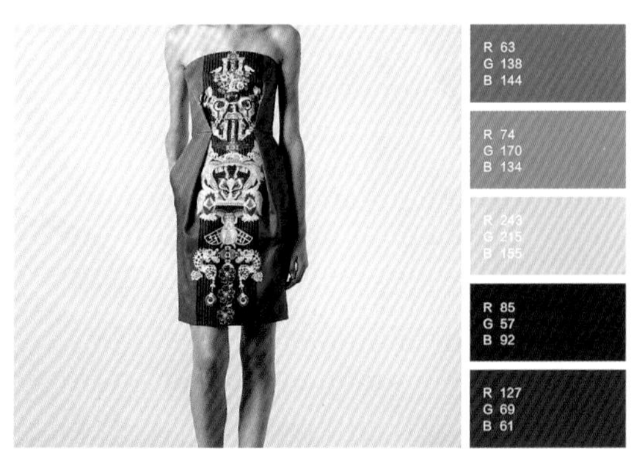

图示 15

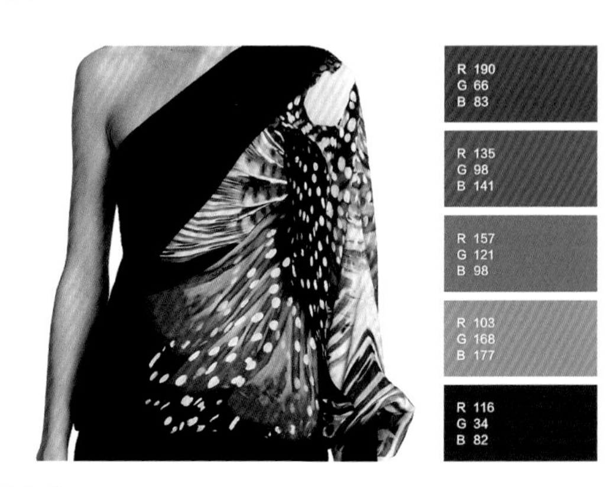

图示 16

3. 凝重深沉，庄严朴实

不少民族崇尚黑色和蓝色，所以他们的服饰就以黑、蓝为主调，显得凝重深沉、庄严朴实。部分民族以蓝黑为主调，搭配色彩鲜艳的花边或头巾、腰围等配饰，情趣十足。或者佩戴黑色亮珠及众多银饰，华贵且高雅。

现代服饰对此类民族风的诠释，如图示 17。

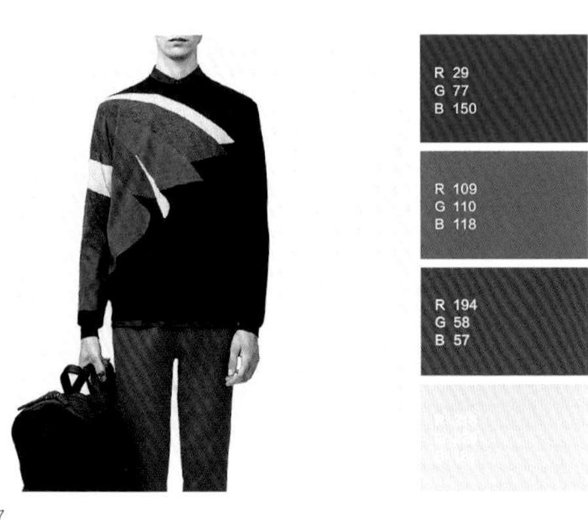

图示 17

三、儿童涂鸦

“Doodle”意为“涂鸦”，从字面上解释为：涂——随意的涂涂抹抹，鸦——泛指颜色。“涂”和“鸦”加在一起有“随意地涂抹色彩”之意，也指艺术上的各种色彩交融，以抽象的感觉描绘色彩的特殊风格。在众多色彩搭配中，儿童涂鸦是不可或缺的可爱元素，其运用明亮的色彩、快乐的涂鸦、俏皮活泼的图案和有趣的造型，表露内心世界，展现活泼可爱的个性。

通过儿童涂鸦可以读懂儿童的内心，从而进入他们纯粹的色彩世界。在绘画过程中，任何一个动作、色彩都暗示着儿童的心理状况，仔细观察便可找到他们的心理偏差方向。

颜色选取：对于儿童来说，对某种色彩的偏好暗示着一定的性格倾向。一般来说，喜爱黄色的儿童依赖性较强，独立性不足；喜爱蓝色的儿童有领头或自私的倾向；喜爱红色的孩子性格刚烈、调皮、感情丰富；粉色除了象征着充满爱心以外，也意味着具有高度的审美观，所以喜爱粉色的儿童一般都优雅、温柔、体贴；紫色是爽朗的代名词，喜爱紫色的儿童个性随和、没有心机，具有宽容的胸怀以及极强的好奇心和上进心；喜爱橙色的儿童个性较为活泼外向，人缘好，但有点以自我为中心，不懂得体谅别人。

图示 18 和图示 19 是严嘉彦尔小朋友 7 岁和 8 岁时的两幅涂鸦作品，大家是否可以揣摩出此时他的性格？

图示 18 严嘉彦尔作品《优雅的郁金香》

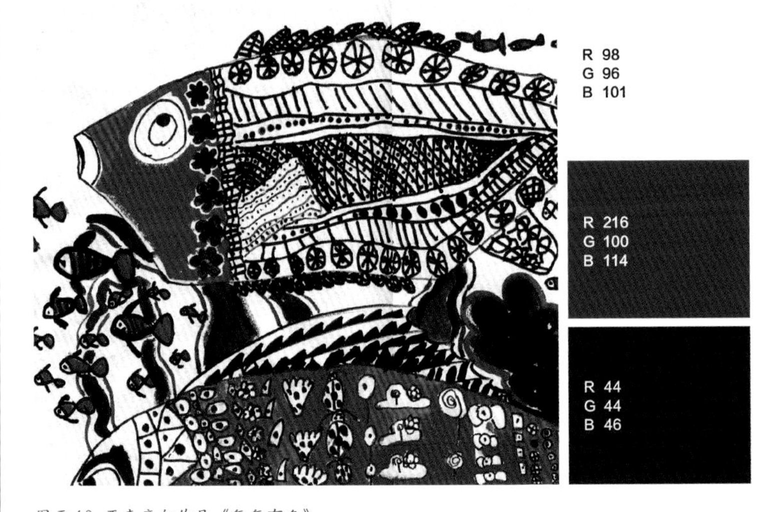

图示 19 严嘉彦尔作品《年年有鱼》

四、植物色彩

植物造景因素中，色彩最引人注目，给人的感受也最深刻。

色彩搭配可以赋予环境不同的性格：冷色营造了宁静的环境，暖色则赋予环境喧闹感。

色彩配比的不同会造成园林风格的迥异：西方园林色彩浓重艳丽，园林风格热烈奔放；东方园林色彩朴素合宜，园林风恬淡雅宜、含蓄隽永。

色彩可形成特殊的心理联想，久而久之便固定了专有表达方式，建立起各自的象征。

所以在色彩搭配的借鉴中，植物的色彩搭配也是一个极为重要的领域。从不同的植物花草中提取色彩，观察配色比例，分析花草的性格、花语、风格，贯穿运用于室内设计中，岂不妙哉！以下举两例来分析色彩搭配，供大家参考。

图示 20

如图示 20，每到过年，人们喜欢清供水仙花，水仙别名“金盏银台”，花如其名，绿裙、青带，亭亭玉立于清波之上。素洁的花朵超尘脱俗、高雅清香、格外动人，宛若凌波仙子踏水而来。水仙象征尊敬、思念和团圆。以小小的花朵为原型，从色彩切入可以获取如此海量的信息，是不是搭配设计中很好的灵感素材呢？

图示 21

如图示 21，杜鹃花是世界上著名的花卉之一，我国有将近 600 个品种，因其色彩艳丽而深受大家的喜爱，那么大家有没有仔细观察过杜鹃花的颜色呢？杜鹃花由多色组成，主体是玫瑰红、红、粉、白和双色，花纹有点红、镶边、飞白、亮斑、喷砂、洒金、云彩等。现在常见的杜鹃花有春鹃和西洋鹃，春鹃的颜色一般为淡红色，西洋鹃的色彩有很多，淡红色、铁红色、白色，还有多色相间的。

杜鹃花的花语是：永远属于你。杜鹃花象征爱的喜悦，据说喜欢此花的人纯真无邪。

杜鹃花的箴言是：满山杜鹃盛开，爱神就要降临了。

五、纹样色彩

有装饰意味的花纹或图形称为“纹样”。以构图整齐、匀称、调和为特色，多用于纺织品、工艺美术品和建筑物。按所占空间可分为平面纹样（如地毯、织锦、刺绣）和立体纹样（如家具、陶瓷）。除此之外，还可按历史范畴、社会关系、工艺美术品的种类、装饰手法、图案的结构、装饰题材等进行分类。对室内设计师而言，可以从色彩搭配的角度分析以上所有范畴的纹样，每一个纹样设计的配色、比例把握都是宝贵的学习资料，甚至可以延伸到墙纸、地毯、挂画等软装产品中。

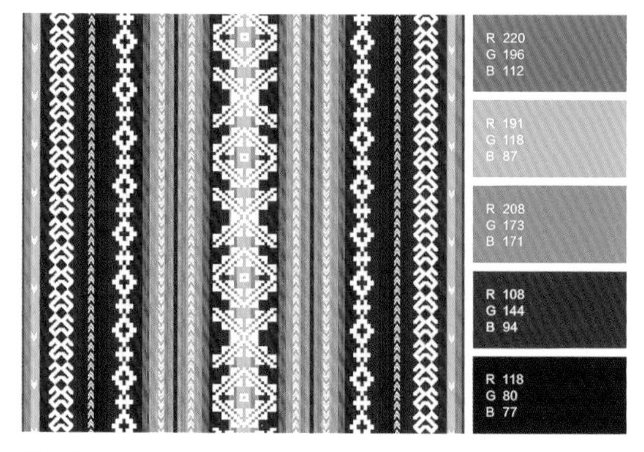

图示 22

纹样色彩结合了当今的流行趋势、材质色彩和图案的组合效果，在服装领域中尤为突出。色彩是影响图案设计成败的三要素之一，图示 22、图示 23 展现的是 2015 年最新服装面料纹样，两幅纹样色彩的运用巧妙得体，充分展现了图案的丰富多彩和装饰的魅力。

图示 23

图案纹样的色彩搭配已经融入现代设计的各个领域，在日常生活环境中都会接触到，已然成为提高生活质量与生活品位的重要元素之一。

六、景观色彩

景观色彩可以使审美主体产生客观的感受和心灵的愉悦。景观的美离不开绚丽的色彩，色彩搭配和运作过程中要保持协调，这也可扩展到建筑以及室内设计领域中。

景观色彩也涉及对美学的研究，即对景观美的评价、对景观色彩的感知以及对景观色彩的总体认知。一个好的景观设计必定是美的设计，而它的美很大程度上是由色彩决定的。

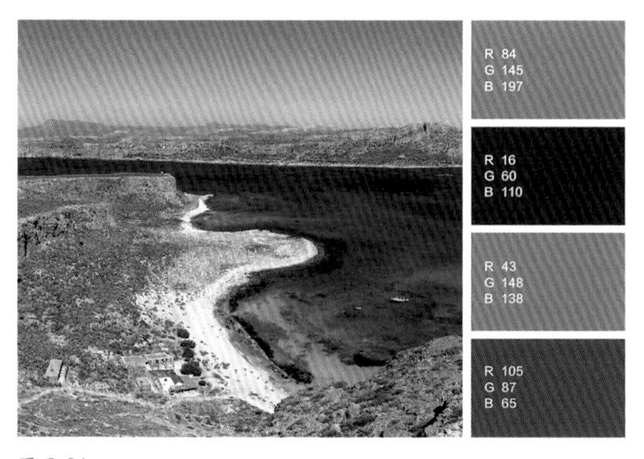

图示 24

那么，如何才能营造这种美的境界呢？一方面是色彩的配置，如图示 24；另一方面，是景观和色彩的互动，如图示 25。

景观色彩搭配可以彰显建筑、景观的特色，同时也彰显出建筑师或是设计师的内心情感。介入的审美经验，使景观兼具实用和审美双重功能，形成了审美和实践的交织，通过这种方式将审美与实践性、功用性、道德性、关注性相分离，从而使景观成为参与的美学，而非分离的美学。针对功能性而言，景观作为消费群体的物质承载者，必须满足具体的实用要求，因此在施工技术方面要达到更高的要求与标准。另外，还须考虑安全因素和审美要素，美的景观能够使人身心愉悦，让人获得美的享受与视觉的感知。因此，审美的功能性必不可少。

图示 25

七、动物色彩

世界上动物的色彩如彩虹般绚丽，从色彩上，动物可分为单色动物、多色动物、七彩动物。观察动物的色彩对任何爱好者来说都是上佳的体验，对设计师而言更是不可错过的天然学习资料。通过对皮肤、毛发的观察，收获无穷乐趣的同时，更会让你爱上这些有趣的动物图片和它们亮丽的色彩。

图示 26

如图示 26，孔雀是最美丽的鸟类之一，被视为“吉祥之鸟”。孔雀有绿孔雀、蓝孔雀以及杂交异种的白孔雀三种。绿孔雀是国家一级保护动物，主要颜色有7种，分别为紫铜色、绿色、紫色、蓝色、黄色、红色以及雌孔雀背部泛有绿光的浓褐色。孔雀的色彩元素众多，高贵与优雅并存，一直都是最受广大设计师追捧的设计元素之一。

图示 27

如图示 27，从目前的分类来看，波斯猫的毛色主要有5个色系，分别为：单色系、金吉拉色系、烟色系、虎斑色系和混合色系。而在这五大色系中又包含近 88 种毛色，使波斯猫充满了传奇色彩。有些猫主人或者戏剧组为了追求个性化，会给猫咪染色，通过配色使其个性更加鲜明。

八、奢侈品色彩

奢侈品是什么颜色呢？因奢侈的资本与金钱不可分割，所以一提到奢侈可能很多人就会想到金色与银色。金色和银色的确代表金钱的颜色，但是这两种颜色太过张扬，大量使用往往有土财主之嫌，所以金银在使用中有一个 10% 的比例。在搭配学中，10% 是点缀色的比例，多则有炫富之嫌，少则略显寒酸。如图示28，在色彩运用中，金色和银色这类金属色的最佳比例就是 10%，大量使用金属色往往使作品看起来比较廉价。

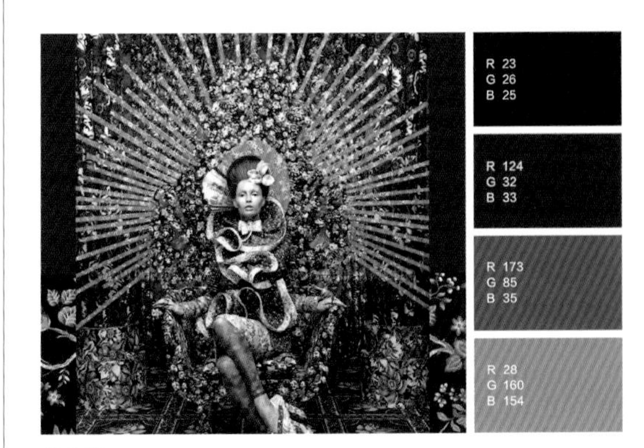

图示 28

文化宣传中有一个词语“低调的奢华”，那什么样的色彩最低调呢？从专业色彩的角度分析，低彩度、低明度的颜色肯定是低调的颜色，达到极致的就是黑色，黑色可以掩盖一切颜色，所以包容性是最强的。其实不仅仅是颜色，从心理色彩的角度来说，黑色是一切消极心理、状态、情绪、感受的标签。财富的积累往往与不快乐有密切的关系，但财富的积累却是奢侈的前提，或者说奢侈是财富积累的结果，于是黑色便成了奢侈品用得最多的代表色。在奢侈品中白色也是比较常用的，虽然在色感上与黑色对立，但在色彩属性上却同黑色一样彩度极低，但白色的明度极高，也因为极高的明度导致很多情况下往往与透明色混为一谈，如图示 29。

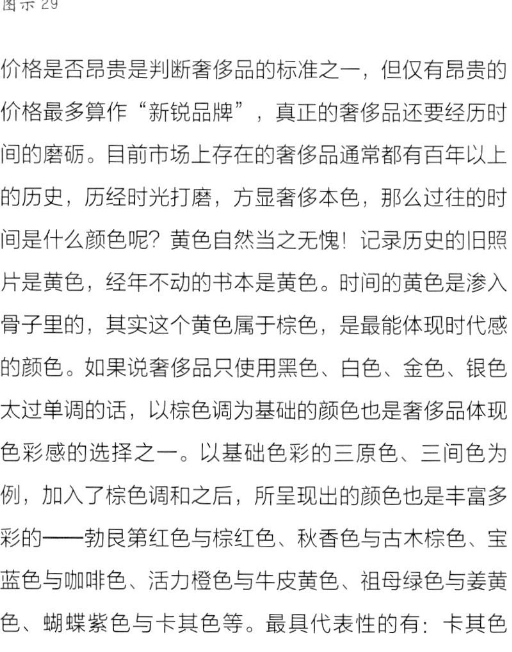

图示 29

价格是否昂贵是判断奢侈品的标准之一，但仅有昂贵的价格最多算作“新锐品牌”，真正的奢侈品还要经历时间的磨砺。目前市场上存在的奢侈品通常都有百年以上的历史，历经时光打磨，方显奢侈本色，那么过往的时间是什么颜色呢？黄色自然当之无愧！记录历史的旧照片是黄色，经年不动的书本是黄色。时间的黄色是渗入骨子里的，其实这个黄色属于棕色，是最能体现时代感的颜色。如果说奢侈品只使用黑色、白色、金色、银色太过单调的话，以棕色调为基础的颜色也是奢侈品体现色彩感的选择之一。以基础色彩的三原色、三间色为例，加入了棕色调和之后，所呈现出的颜色也是丰富多彩的——勃艮第红色与棕红色、秋香色与古木棕色、宝蓝色与咖啡色、活力橙色与牛皮黄色、祖母绿色与姜黄色、蝴蝶紫色与卡其色等。最具代表性的有：卡其色与棕色搭配的 Gucci 图案与 Logo、深牛皮黄色的各类 Hermès 皮具、苔绿色与棕红色搭配的 Prada 条纹装饰、经典的 Louis Vuitton 老花纹皮具。

色彩搭配讲的就是颜色的运用规律，规律的形成基于人们长期的共识性认知，这些规律本就存在于生活的各个方面。本教程只简单罗列了几个方面，读者可以以点带面地学习和运用。

第三节 引人关注的配色

一、抢眼的配色——蓝 + 黄

海蓝色与明黄色的搭配具有强烈的视觉冲击力，使人印象深刻。明黄色即使不在画面的中心也能确定其主体地位，大环境的蓝色配上高明度的黄色能将信息强而有效地传播开来。蓝色和黄色的搭配，一直是时尚界经典配色，纯色的设计具有高度实用性，蓝色深邃低调，明黄色动感十足，使画面和空间流露出一种正能量，同时也不乏趣味性。此外，黑色、红色、白色的配色运用也非常常见。

世界向东传承助学导师殷艳明作品

二、高格调配色——黑 + 白 + 紫 + 黄

无彩色的功能在于整合设计作品的整体印象，使色彩表达的意象更加明确和强烈。无彩色中的黑白配色经常用于表现高端品位的设计及其简约、冷酷的印象。所有色彩中，紫色调是最为尊贵高雅的，所以当设计方案中需要迎合高格调风格时，就该紫色出场了，但是要特别注意把握使用比例，可以借鉴前面介绍的配色黄金比例法则。紫色是一个让人又爱又恨的色彩，不得当的使用比例会使效果适得其反，无彩色也不能很好地整合整个设计作品了。

中装美艺学员黄应明（马来西亚）作品

三、稳重的配色——类似型配色

类似型配色是指使用类似色进行搭配。使用相近的色相，能够在展现稳重的同时，表达自然、稳定、执著、优雅的感觉。相似色构成的类似型配色较为适合表现安心舒适的室内空间，浊色调的棕色和通透的驼色构成类似型配色，营造了时光静止般的空间，让人徜徉在闻香、喝茶、聊天的惬意画面中。

PS Architect 设计作品

四、开放的配色——三角形配色

什么是三角形配色？色相环上三种等距的色彩形成了三角形配色。三角形配色中可加入少量其他颜色，形成更为稳定的配色。红、黄、蓝三色在色相环上的位置刚好组成一个等边三角形，使用三角位置上的色彩进行配色，给人以开放而不杂乱之感。这是一种比较稳定的配色类型，颇具视觉安心感，可以放心使用。

如果想要表达畅快、明朗、华丽、开放感、成熟、稳定、阳光、轻快之类的意象设计主题，可以运用三角形配色。

中装美艺学员季陈瑶作品

五、有刺激感的配色——对比型配色

对比型配色的实质就是冷色与暖色的对比，一般在150° ~180° 之间的配色视觉效果较为强烈。冷色系和暖色系的组合因为色相差距较大，易具有明朗之感。

如果希望展现开放、稳定之感，就要拉大色相差距，使对比感和视觉冲击力更为强烈。如果希望展现稳定、华丽之感，可以在色调上加以统一。

如果想要表达开放、有力、自信、坚决、活力、动感、年轻、刺激、饱满、华美、明朗、醒目之类的意象设计主题，可以运用对比型配色。

PS Architect 作品

六、力量感配色——互补型配色

互补型配色就是在色环图上 180° 相对的色彩组合，这类配色通常会产生尖锐、强烈的印象。一般根据冷暖来区分，色调鲜艳则对比感强烈，色调淡弱则稳定感强烈，也就是说，色相差距越大，视觉冲击力就越强劲。在互补色的运用下，空间具有强烈的力量感和对立感，坚定明了，完全没有暧昧的感觉。

如果想要表达力量、强力、坚定、不浪费、刺激、强烈、开放、大胆、华丽、洗练、有效、欢乐之类的意象设计主题，可以运用互补型配色。

PS Architect 作品

七、暖色调配色——女性偏爱的配色

暖色调，即色相环右方的红色、橙色、黄色。在这些颜色的基础上添加黑、白、灰等无性色调合出的颜色都属于暖色系的范畴。暖色调具有温馨、阳光、健康之感，尤为受到女性的喜爱。众多配色中，暖色调配色是表现女性特质的最佳配色，结合花纹图案营造出的梦幻场景，将女性的热情和魅力表现得十分到位。

PS Architect 作品

八、冷色调配色——清爽型配色

冷色系处于色相环的左下方，紫色、蓝色、绿色都属于冷色系，其中蓝色是最具冷色系特征的中心色。在这些颜色的基础上添加黑、白、灰等无性色调合出的颜色都属于冷色系的范畴。冷色调是由青色、蓝色、紫色等构成的色调，象征着蓝天、大海、草原和丛林，极具安静、清爽、理性之感。冷色为后退色，具有镇静、收缩、遥远的效果，展现稳重、安逸等印象。由于此类色彩能够充分表现冷峻、理智、坚定等意象，所以冷色调配色是男性较为喜爱的配色。

如果想要表达冷静、干练、理智、干净、清爽、商业、可靠、坚定、不浪费、沉稳、医疗器械、药品、医院、工作、学习之类的意象设计主题，可以运用冷色调配色。

唐忠汉（中国台湾）作品

九、高饱和度配色——视觉型配色

高饱和度的配色与季节密不可分，尤其在夏天很受欢迎。高饱和度配色带给人活泼、动感、前卫、热闹的感受。鲜艳的色彩搭配具有强烈的视觉冲击力，在形成强烈感染力的同时，产生刺激感官的效果。这类配色常用于表现年轻人和儿童的意象。

如果想要表达健康、强力、热闹、积极、欢乐、有用、可靠、生动、活泼、动感、激烈、强烈的意象设计主题，可以优先考虑运用高饱和度配色。

PS Architect 作品

十、特殊印象配色——黑色

黑色的烘托能力远远超出大家的想象，它能够使有色彩的画面更加醒目，因此搭配任何一款单色都可以呈现非常好的效果，营造高端华丽又不乏时尚的感觉。黑色就好像制造多变效果的魔术师。黑白色统称“无性色”，可以兼容一切色彩，其中又以黑色最为突出，所以当方案中出现任何不可调和的色彩时，不妨带入黑色来驾驭整个空间。几乎在任何场合都可以看到黑色与各种色彩的搭配，高饱和度、高明度的鲜艳色彩与黑色搭配可以使该色彩更加醒目，与黑色的对比效果越强，所产生的视觉冲击力就越大。以下案例中的红与黑就是经典配色之一，搭配合适的情景，充分表现客户期望的意象。

如果想要表达醒目、高级、档次、时尚、流行、刚强、坚定、冲击、力量、神秘、妖艳的意象设计主题，可以优先考虑运用黑色的配色。

场景布置

中装美艺学员陈雪作品

RESTAURANT 餐厅

中装美艺学员谢琳菲作品

第四节 度身设计的配色

一、幼年

配色分析：本案以具象型的羽毛作为灵感来源，大面积使用不同明度的白色，贴切地表现幼年阶段的柔弱、纯洁，营造一份愿意去亲近、呵护的直观感受。

二、少年

配色分析：本案以生活中常见的甜点马卡龙作为灵感来源，大胆采用低饱和度的三原色配色，形象地表现这个年龄阶段多彩、稚嫩、青涩的特性，并以暖心的色彩让每个人都对美好的少年时光充满向往和怀念。

三、豆蔻少女

配色分析：本案以寄托了藏族人民期盼幸福吉祥等美好情感的格桑花作为灵感来源，从大自然中最纯粹的色彩入手，通过蓝天白云结合花瓣之色来表达少女情怀，处于这个年龄段的女子仿佛一朵格桑花，拥有美丽而不娇艳的外表、柔弱但不失挺拔的内心。

四、青年

配色分析：本案以山野中随处可见的小雏菊作为灵感来源，采用大面积低纯度的冷色调配色，以花蕊中那一抹黄作为该案的强调色，通过形、色传递了青年期经过矛盾叛逆又积极向上的正能量，黄色的点睛之笔更凸显向上的力量，让故事情节饱满、令人回味。

五、而立之年

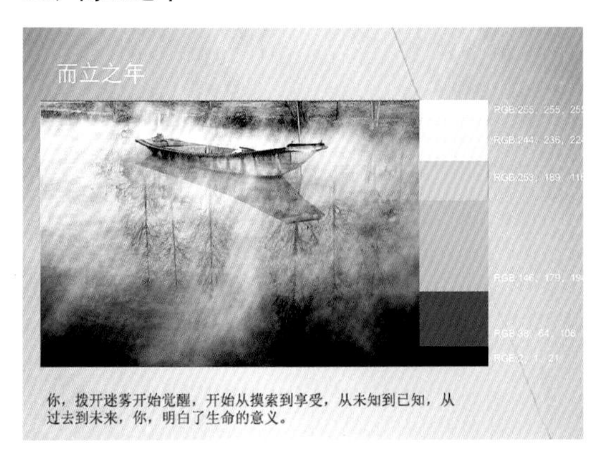

意境营造：昨天的我还仿如一株不知所谓的小树苗，如今已成长为一棵挺拔坚韧的大树。蓦然回首那一段段跌跌撞撞的成长岁月，依然会为童年的纯真、少年的梦幻、青年的狂热而沉醉。

六、成熟女性

意境营造：女人的美好包罗万象：端庄、妩媚、成熟、天真、尊贵、淡雅、浓艳、温柔、桀骜、安分、疏放、厚道、灵巧、博学、浅白、服饰华丽、容貌可人、谈吐娓娓动听、举止从容大方、明眸如水……

七、成熟男性

事业有成的你，开始尽揽沿途美景，开始从生命中享受成功与收获。

意境营造：在葱郁茂盛的大树下，黑玉般的头发似有淡淡的光泽，白皙光洁的脸庞透着棱角分明的冷峻，浓密的眉毛叛逆地稍稍向上扬起，长而微卷的睫毛下，幽暗深邃如冰的双眸显得狂野不拘。一阵微风，路旁的树叶轻盈飘落，细细碎碎，仿佛听到了她的脚步声，男人轻轻侧转回过头眺望远方……

八、古稀老人

你，有着落日般灿烂的余晖，照亮整一片天际。

意境营造：那双曾经被岁月的沧桑深深埋藏了的眼睛里，似乎有一丝光彩闪过，那光彩流转着，似乎回到了纯真无邪的童年。他像个孩子一般的向我讲述着那一群群身披落日余晖的小精灵，苍老的声音几乎带了一丝无邪的童趣，而这一切竟似发生在昨天。

九、家庭

剔去浮华，沉寂在那一抹浓郁的淡雅之风中，感受心的静谧。

意境营造："家庭"虽短短二字，但却是最温馨的词语了，因为家是爱和幸福开始的地方。一句温馨的话语、一场温馨的画面，无不在宣誓着幸福。那些表现家庭温馨的场景，更是触动了心底那份对纯真美好生活的向往。温馨是一种无比美好的感受，小时候的温馨是父母给的，未来的温馨是自己经营的。爱上那种平实淡淡的温馨幸福：暖色调的屋子里温暖柔和的灯光、饭桌上香喷喷的米饭，爱人间平和的语气以及温柔的眼光。

十、都市白领

向往海洋的美丽，那淡淡的蓝色就如梦境般甜蜜而浪漫。
把梦幻与生活交织在家中，让这份迷人的气息放松一天的疲累。

意境营造：都市白领就像初夏一样迸发着勃勃生机，穿梭在时尚与自然、精致与质朴之间，年轻有朝气是他们的特点，他们重视自己的内心感受，渴望远离浮躁，融入大自然的色彩之中，因此对家提出了更高的要求——不仅要满足物质需求也要满足精神需求。家是一个可以让他们释放压力、享受生活、安抚心灵的地方。

第五节 色彩情绪

情绪——多么玩味十足的一个词语。想象自己躺在沙发上听着七弦琴乐曲，可能百无聊赖，也可能宁静闲适，还可能情绪低落。《美国传统辞典》将“情绪”定义为“由占主导地位的风格个性所产生的印象”，而“感觉”则被定义为“由感情、态度、欲望所产生的一种意识的有效状态”。

“气氛”是另一个用来表达情绪的关键词，传递一种主导性的情绪效果或感染力。法国人用一个非常有魅力的词来形容情绪：ambiance。这同样是与个人氛围所产生的感觉有关。

世界向东传承助学导师刘卫军作品

色彩出现或者色彩缺失，是色彩情绪的主要传递方式，也是营造内在情绪的催化剂。色彩在每个人的生命中如此强大地存在着，越了解它就越容易利用它来获得舒适的感受，并提升生活质量。

色彩设计的第一步通常是最难的。但是从一个大家已有的概念入手就会容易很多，比如可以从一种情绪开始，围绕这种情绪构思出一个设计并逐步完善。如此一来，整个过程得以简化，不但确定了界定空间的基准，还表现了自己的个性，更可以同其他人分享这个空间。有时候，色彩是建立情绪的关键之一。

八种色彩情绪：异想天开、宁静、关爱、传统、冥想、活泼、浪漫、愉悦。

有三种情绪是活跃而充满能量的：异想天开、活泼和愉悦。

其他五种情绪是平静、悠闲的，因为大多数人都希望自己的家是一个和平安祥的所在。

这八种色彩情绪所传达出的感觉是完全不同的。

世界向东传承助学导师刘卫军作品

阅读每一种色彩描述的时候，想想自己和同住的家人，是否有一种色彩刚好符合自己和家人所期盼的感觉？可能有两种甚至三种情绪刚好符合个人品位，那么不同的情绪就对应家中不同的房间，所有这些情绪都是为了激发大家对色彩和色彩组合的想法。没有硬性的选择，只要实事求是地去尝试，当看完所有描述后，使用本章后面的表格，圈出自己为每一个房间挑选的最合适的情绪或情绪组合。大家会发现，后续章节中介绍的许多色彩组合都能够反映特定的情绪，帮助大家更容易地作出家装选择。

当然，首先要阅读下面关于色彩的描述。

一、异想天开

异想天开是一种喜好玩乐、精力充沛、充满乐趣的色彩组合，包括原色（红色、蓝色和黄色）和间色（橙色、绿色和紫色），使用其中许多明亮的颜色和对比色。如果希望房间轻松愉快、充满乐趣、变幻莫测、生机勃勃，或者居住者心理年龄十分年轻，那么这些五颜六色的糖果色将会使居住者感到非常愉快。

这些热烈的颜色通常用在欢乐充盈的地方，比如马戏场、主题公园、儿童玩具、乐趣横生的卡通片以及原始艺术作品。占主导的色彩来自一些明亮的色调——暖红色、樱桃红色、微笑黄色、铁青色、绚烂紫色和水果绿色。这些活跃的色彩组合给儿童卧室、起居室和厨房带来了无限的乐趣，特别是当所有家庭成员或朋友们在一起聚会或备餐时。不仅如此，还可以在想要获得愉悦和活力的任何房间中使用这些色彩。

异想天开的色彩组合实例：亮玫瑰色、雪白色和布拉尼绿色，亮蓝色、草绿色和冰仙黄色。

案例展示：

世界向东传承助学导师 Thomas Dariel（法国）作品

这个空间以极其异想天开的色彩组合了亮蓝色、明黄色、橙色、亮红色和黑色，这些大胆的颜色在白色背景墙面的衬托下显得格外活泼醒目，在异想天开的同时又自成体系。

世界向东传承助学导师刘卫军作品

亮蓝色花艺、银色果盘、绿植、古铜色陈设，本不属于同一色调的四种色彩搭配在一起，却因为相同的经典程度而显得和谐，在经典之上又增添了些许不同的韵味。每种色彩都各自散发光芒，彰显异想天开之特质，局部细节尽显惊艳之美。

世界向东传承助学导师刘卫军作品

这个空间运用了大量对比色，蓝色散布在窗帘、布艺长椅、桌旗之上，与丹青色花瓶和黄色冰仙花艺形成对比，色彩跳跃度极强。青色墙纸与壁炉柜上放置的土青色陈设加强了青黄色系的统一度，并与蓝色形成对比，想象力丰富，在米色布艺沙发椅和白色壁炉的围绕下显得生机勃勃，使人身处其中灵感源源不断。

二、宁静

参观画展时，是否立刻就会被海景画所吸引？是否非常希望能够住在海边？是否能够持久地注视一波波冲上海岸的海浪？如果想要打造一个宁静的房间来唤起对潺潺溪水、慵懒漂流的美好想象，那么天空和碧水的色彩是最佳选择。这将会打造一个能够为居住者带来慰藉的房间。

将心灵的目光投向天空和海洋，目之所及尽是静谧、悠闲、缓和、平静和安宁。凉爽、清晰、稍稍偏淡的颜色占据主导地位，比如清澈的绿色、似雾的水绿色、柔和的蓝色、冷淡的紫色、清新的白色和雾灰色。这是由一个法语单词 heurebleu 启发而来的意境——黎明或者黄昏，整个世界都还在或者即将沉睡了。使用更深的暗蓝色、蓝绿色和偏灰的淡紫色，能够营造出更安宁的情绪。

这些由冷色调主导的组合最适合打造休息和放松的安静区域，尤其是在卧室中，能够激发出一种“spa”的感觉，达到身体与精神同时放松的效果。

宁静的色彩组合实例：海蓝色、海泡绿色、灰紫罗兰色和星白色，矿泉蓝色、兰花蓝色和雾灰色，雾紫色、灰蓝色、天蓝色和紫罗兰色。

案例展示：

世界向东传承助学导师刘卫军作品

以冷色调和暗色调为组合装饰的空间，易营造出宁静平和的氛围。灰白色布艺沙发、灰色抱枕、青色花艺作为冷浅色调，令空间显得尤为轻盈，与布艺材质的结合加强了平和舒适感。深木色的房梁、咖啡色与暗青色的地毯虽暗犹明，增加了空间力量感，在宁静的基调中平添了几分庄严。冷色调的白色、灰色、暗青色作为空间主调，在一定程度上熵染了“宁静”这一色彩情绪。

A House for Life 设计机构：Ryntovt Design 摄影师：Andrey Avdeenko

这个卧室以自然人文风格为主导，采用的原木色家具显得朴素自然，让房主从入门起就卸下了满身的疲惫，回归自然。灰色窗帘配以原木色窗子，冷暖交替，原木色属于暖色系中最清淡的色彩，与冷色调中的灰色相搭配，为空间平增了几分宁静。米白色床品对应橱柜门面的米白色版块，设计师又在米白底色的基础上加入了枯木色的树枝，空间瞬间灵动起来，枯木色让人想到一切归于沉寂的冬天，亦是对原木色家具元素的延伸，进一步渲染了空间氛围。墙头背景墙上悬挂的深绿色长幅装饰画诗意十足，绿色画面中加入白色植物，将空间氛围舒展开来，使之宁静但不死寂，可见设计师的色彩控制功力。

A House for Life 设计机构：Ryntovt Design 摄影师：Andrey Avdeenko

这个卧室与上图的卧室采用了相同的四个色系：灰、枯木、原木、绿，但通过不同的色彩分布格局，营造了另一番宁静的风味。灰色窗帘与原木家具是保留下来的两个格局，而枯木色树枝图纹则散布在窗帘内的纱布里，有光照进来时，如同置身空树林中，分外静谧。果绿色床品是空间的焦点，果绿色兼具平复心绪和增添生机的双重功能，打破了灰色调的局面。宁静的树林需要有花朵的存在，设计师将白色小花放置于边柜上，与果绿色床品形成呼应。

枯木、白色小花、果绿色色块、灰色隔帘和原木家具，令空间拥有都市之外的宁静和生气，居住着的心境也会随之平和下来。

三、关爱

关爱是那些包裹婴儿的毛毯的色彩组合，它们把人们带回到那个备受关注并且所有需求都会被满足的婴儿期。它们是纤细的、柔软的、体贴的、温柔的色彩，使人感到安全、舒适和被爱。温柔柔和的黄色、桃红色、粉色和水绿色适于打造舒适惬意的小环境。

这些色彩组合所传递的精致、美妙和单纯，可以用在任何一间想要摆脱成人世界纷扰的房间里，特别是卧室和浴室。这些易亲近的、有质感的颜色在使人们想要去触碰的同时，还能激起一种关爱情感，迅速将拉毛石灰泥或者坚硬的木质家具变得柔和可亲。

关爱情绪看起来与宁静情绪有些相似，但关爱的色彩组合颜色更浅、更精细。另外，关爱情绪是暖色调占主导，宁静情绪则是冷色调占主导。

占主导地位的色彩是变化的淡柔和色，比如：最浅的暖黄色、桃红色、玫瑰红色、西瓜红色和米黄色。同时运用少量柔和的蓝色、微妙的绿色、薰衣草紫色、裸灰色和干净的白色，在一定程度上可以对主色进行中和。

关爱的色彩组合实例：柔黄色、珍珠白色和古董白色，柔粉色、银桦色和嫩绿色。

案例展示：

世界向东传承助学导师刘卫军作品

关爱的色彩组合往往是柔和轻浅、平易近人的，亲和力更强。比如这幅图里高挑的客厅空间，虽以高大上为基调，置身其中却不觉渺小无助，原因是设计师以亲和的果绿色作为上半部墙板的点缀色，其他墙板则采用洁白色，这对组合让人联想到清甜而不腻的奶油蛋糕，点到即止的分寸感将关爱情绪表达得恰到好处。果绿色沙发与地毯部分的果绿色承接了墙板色块，进一步延伸了这一色调，加上大株绿植的呼应，空间顿时充满极强烈的亲近感。地毯上零星的咖啡色，缓冲了绿色的兴奋感，适时地为空间注入了一分温暖、舒适和平稳。米色布艺条纹沙发则从另一面增添了空间的休闲惬意感，达到进一步放松心绪的效果。桌面的浅青色花器中插着的一朵黄色小花是这个空间的点睛之笔，黄色与果绿色的组合，能够起到舒缓情绪的作用。

《青山镇别墅》 设计机构：尚展设计

柔和的粉红色系有层次地递进、蔓延至整个房间：地毯、玩具、床品、灯具。为了避免视觉疲乏，设计师将粉红色细分为“由浅到深”的层次，睡眠区域的粉红色轻盈柔和，活动区域的粉红色明媚鲜艳，由此兼顾了空间区域的功能特性，给儿童无微不至的关爱。柔和纯真的浅蓝色作为抱枕色调，与轻浅的粉红色形成完美的搭配，迎合了小女孩的梦幻情怀。沉浸于此，好像进入了少女的小世界，倍感安全、温馨和甜蜜，让小女孩感受到来自世界的满满关爱。大面积的米白色墙壁、浅木色地板为空间铺垫了平和安宁的基调，适当均衡了粉红色系，避免了空间过度艳俗。红色作为零星的玩具点缀色，恰到好处地调动起儿童的积极情绪。

Google TEL 设计机构：Camenzind Evolution

不同层次的蓝色被运用于地面和墙壁装饰画中，柔和蓝对应天空蓝使室内外融为一体，令这条供员工休憩的长廊空间诗意无比。弯曲的墙面用浅岩石色覆盖，对应形状不规则的暖色吸顶灯、藤编色座椅以及装饰画色块，尤感质朴有余、温暖倍加，彰显企业对员工的关爱体贴。两种温和亲切的色系相搭配，兼具悠闲与温情，在这样的背景下临窗眺望，将辽阔的都市风景尽收眼底，思绪得以自由驰骋，这一切都得益于这个满含安全、包容和关爱的空间。

四、传统

布克兄弟的扣角领、巴宝莉的雨衣、祖父的老怀表、祖母的老家具、庄严的图书馆中陈列的保存完好的书籍，这种传统物件代表的是一种历史感、连通性、实质性和稳定性。如果被传统的情绪所吸引，想经常沉浸在这种情绪中，那么传统情绪所用到的色彩刚好可以满足此种心理需求。传统情绪包括海军蓝色、酒红色和森林绿色，以一种深沉、强壮、缄默的组合激发出比预期更强烈的力量。

抛光木器、古玩铜器和古董复制品，或许会向设计师传达一种优雅的格调，但对大家来说，占主导地位的主题始终是传统，在选用深色还是圣达菲沙滩色的红木厨房柜之间，会更倾向于选择更深、更奢华的色彩。喜好可能会随着时间的推移而改变，但最终唤起回家欲望的还是暗色的基调或深色的遮蔽。

这些色彩历经了时间的考验，从温和的中湖蓝色、灰蓝色、浅灰褐色和古董金色，到深色调的茄皮紫色、军绿色、徽章蓝色、褐古色和贵族紫色，通常被用来装饰优雅体面的餐厅、起居室和书房，营造一种正式且庄重的感觉。

传统的色彩组合实例：织锦绿色、古董金色和酒红色，茄紫色、暗云杉绿色和灰褐色。

案例展示：

世界向东传承助学导师刘卫军作品

黑色钢琴如同从古堡中走出来的神秘道具，散发着尊贵气息。古董金色镶边与黑白色琴键、灰黑色琴架组成古典优雅的色彩视觉印象。以钢琴作为视觉焦点并向上延伸，以黑色和古董金色作为支点，分别添加黑色底色与古董金色花纹结合的墙纸，五个古董金色欧式壁柜架错落有致地分布于墙上，与金色墙纸图纹和金色钢琴镶边装饰形成呼应，进一步彰显出这个空间的尊贵气质。金色壁柜上的陈设品要么以金色为主导，要么以浅色图纹迎合或缓冲空间的奢华感。白色花器与动物陈设作为软装陈设与硬装空间色的承接，实现了二者之间的完美过渡。大株绿植与红木色高凳起到点睛的作用，尤其是红木色来源于传统家庭中常用的家具色彩，颇受年长者喜爱，放置于此，与黑色、古董金色共同构成极具古典格调的图景，处处彰显怀旧情结。

世界向东传承助学导师刘卫军作品

这个浴室中的装饰兼具时尚与复古气息，崭新光洁的大理石地板、墙壁、白色柜子和浴缸，搭配与自然美景毗邻的木窗，房屋的基调与都市生活情趣完美契合。房主的怀旧情绪体现在室内软装陈设的色彩中：酒红色的浴缸侧身与金色的浴缸脚部支点令浴缸成为空间的视觉焦点，两种色调的结合散发着传统的浪漫气息，彰显出女性的优雅矜贵。酒红色延伸至墙壁上的花束，两相呼应，尽显古典美。织锦绿色花器与绿植呼应，更与酒红色、金色相称，恰到好处地点缀出一个古典时尚空间。

世界向东传承助学导师刘卫军作品

葱绿色布艺沙发被米色圆圈图纹充盈整体，犹如在清凉的薄荷茶中放入少许茶叶，在清新口感的基础上平添了几分甘醇。米色色调沿用至抱枕中，配以花草图纹，朴素淡雅，颇有几分旧时光的绮丽。浅咖色地毯正中的红花绿叶明显是20世纪90年代的审美风潮，在此进一步烘托出空间的怀旧感。深褐色椭圆桌面放置青绿绿植，鲜亮的青绿色与浅淡的葱绿色相呼应，设计师运用同色系搭配法则将空间有序串联起来，令空间新与旧的关系平衡。浅木色的墙壁、橱柜使空间拥有天然的温暖感，金色画框提升了空间档次，又在浅木色橱柜的烘托之下，有效缓和了那份奢华感，而强调了空间质感。米色台灯为空间注入了温暖的黄色灯光，使空间沉浸在温馨、怀旧、典雅的家庭氛围中。

《云居草堂》　设计师：李保华

这是一个具有中国传统美学特色的会所，设计师采用古旧的木色装饰天花横梁、墙壁隔断、布帘和桌椅，这种色调彰显出传统中式格调的庄重典雅，配以米白色坐垫和桌旗，将朴素的中式格调贯穿到底。浅灰色吊灯是整个空间的点睛之笔，轻盈的材质、飘逸的造型配以经典的灰色，提升了空间格调，令空间不至于单调乏味。

五、冥想

如果向往使用永恒且经典的色彩进行完全简单化的装修，那么中性的灰色、米色、褐色、象牙色和其他白色系的色彩将非常适合。

完全的色彩缺失会使人精神不振，这也正是冥想性装饰布景存在的原因。如果想从充满灵感的环境中寻求更多灵感，可以参考教堂和庙宇所散发出来的宁静力量，教堂里装饰着色彩鲜明的彩色玻璃，颂扬着高高在上的神灵，大型博物馆和美术馆也往往悬挂着令人敬畏又启迪心灵的艺术作品，让人感觉肃穆空灵。在一个实际居住的空间里，这些可以转化为中性色的墙面和地板，四周墙面挂有艺术品以形成视觉焦点，装满珍贵瓷器收藏的陈列橱柜、一个别致的玻璃器皿、安放在一旁的壁龛。这种情绪的关键词是：冥想、令人深思、神圣和心灵。

冥想的色彩组合实例：鹅卵石白色、羽毛灰色、白桦灰色和深紫色，素丹黄色、柳木绿色、亮红紫色、绿玉色、亮红紫色和柔玫瑰棕色。

案例展示：

Apartment Puzzle 设计机构：Ryntovt Design

寂静清冷的白桦灰色弥漫于空间中：墙壁、电源开关都被涂抹上这一色块，唯一的装饰画也以同样的色调为底色，画面上添加的灰白色树枝，使空间在一股灰色静流中轻轻飘荡，思绪也跟着回到了时光深处，恍若置身于冬天的白桦林。纹理多变的木材则作为房门、柜子、壁板、地面，与白桦灰色形成冷暖组合，均衡了空间的冷暖关系。倘若空间只是一味清冷，人不可能在其中拥有足够平和从容的心态进行冥想，因此质朴温暖的木色作为中和色是必要的。除此之外，墙面上安装透明镜面，不仅拓宽了空间感，增添了功能性，透明色也如同清水般极具清澈感，放置于此，有益于打破空间的沉闷与冷清，与画面上的树枝形态相呼应，成为空间中少数的灵动风景。

《淡水麦迪奇》　设计机构：德力设计

索丹黄色作为明快舒朗的亮色，被设计师运用于客厅、厨房、书房的墙壁以及地板，部分索丹黄色的书脊与之形成点与面的呼应，将空间点缀得生机勃勃。其他家具包括餐桌、沙发、灯具、书柜都采用冷色调的褐色、深灰色，与索丹黄形成鲜明的对比，恰到好处地中和了空间冷暖感。在这样冷暖分明且均衡的空间中，人的思维是跳动的，情绪是安宁的，居住者在可舒展也可孤寂的状态中自由冥想，轻松地切换状态，这是设计师的设计初衷。

色彩也可作为划分区域的一个视觉设计手段，明快的索丹黄色被大面积运用于客厅、厨房，一旦有客人到访，空间也适时地表达了房主的友好。餐厅与书柜毗邻，但零星的明亮黄色点缀其中，可动可静。通过冷与暖两色的调和，彰显出房主的旷达与沉稳。

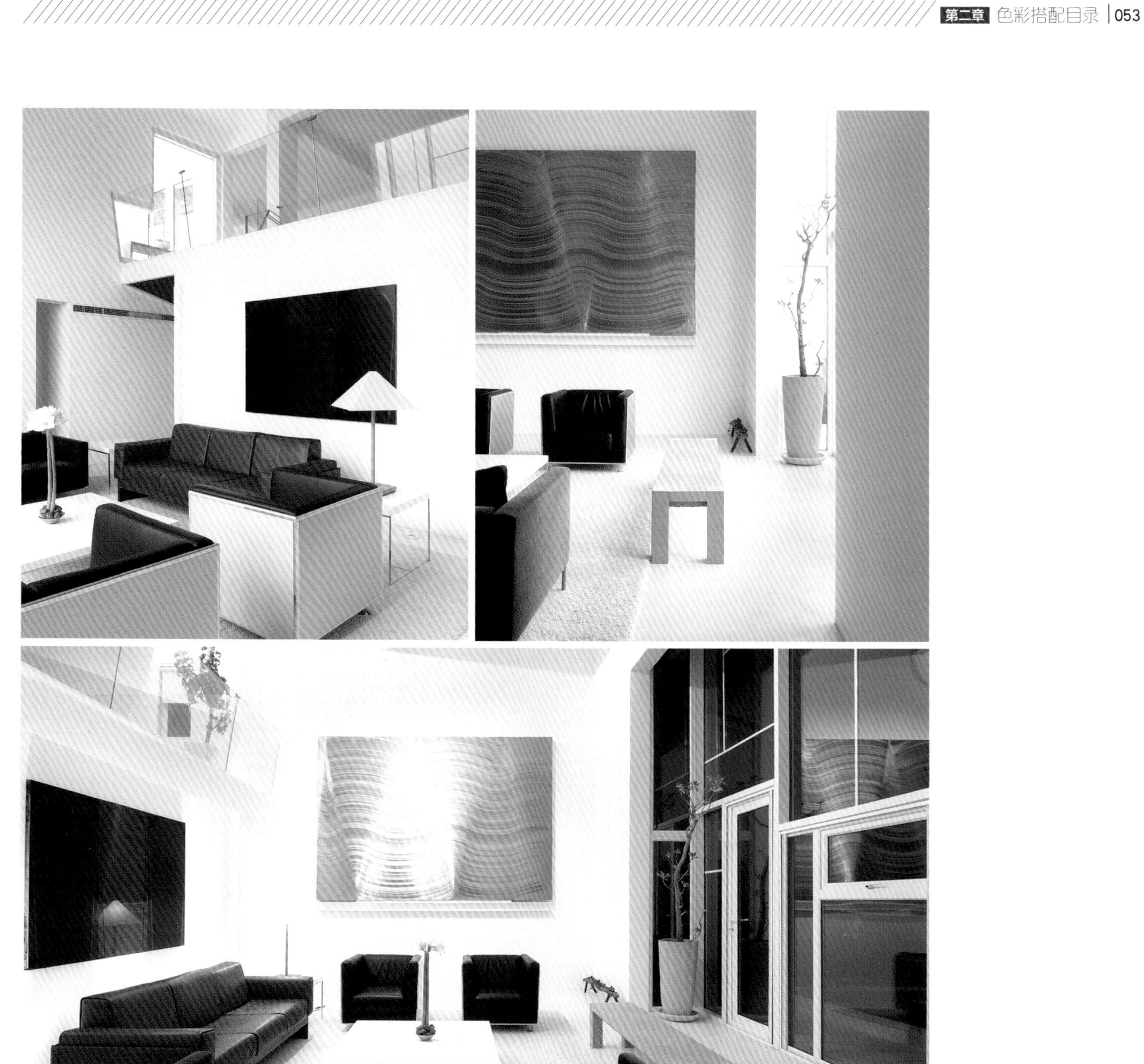

《大台北华城》 设计机构：玛黑设计

首先，这是一座极具几何感的建筑，这种几何感从室外蔓延至室内，令空间拥有强烈的存在感。空间的辽阔、自由是冥想的客观条件，而剩余的家居布局、色彩印象便是人们冥想时的节奏与呼吸。黑色皮革沙发放置于两边，中间以一张白色茶几为点，在竖向视野中，黑白分明，青色长形花艺屹立正中，严谨却不沉重。深棕褐色长形皮革沙发背对大墙，与浅木色长几相对。整个客厅空间的家居布局遵循严谨的秩序原则，面对几何线条严谨的落地窗，友人相聚，可海阔天空相谈，独居于此室也怡然自得。装饰画的选择对空间氛围的渲染起到至关作用，深棕褐色长形皮革沙发背对的墙壁上悬挂的装饰画中，深紫色与浅紫色两种色块呈“深、浅、深”式格局，高贵的紫色与稳重的棕褐色相称，彰显出空间的成熟大方。而另一边墙壁上悬挂的装饰画则以朴素的灰青色为主导，通过如涟漪般的曲线线条拨动空间气氛，即使线条再活泼，也在素雅的灰青色色调下，显得轻盈、宁静，缓和了紫色与棕褐色的深沉。线条延伸至窗外的开阔视野，让人觉得身心在此都能够伸展自如，极适合做一番冥想，思考世界、人生与自我。

六、活泼

活泼包括一组代表能量、激情、戏剧化和力量的色彩，但没有柔和的色彩。相较于回归传统，适合这种情绪的人更喜欢当下的华丽繁复，更愿意享受生机勃勃的空间氛围。这些色彩组合激发的是炫耀和闪亮，包括铬黄色、明绿色、深红色、皇家蓝色、棱镜紫色、乌木黑色和亮白色。光滑的表面和金属光泽，诸如铬黄色和铜黄色、金色和银色等组合，鲜艳的颜色、各种几何图形、强烈的对比或者明亮的色彩焦点点缀在黑白色之间。如果这听起来像自己，或者是自己喜欢的那种风格，那么精细雕琢的黑色玻璃、花岗岩、不锈钢和白色大理石会非常适合你。即便是最少装饰、最朴素的组合也需要些许色彩来注入生机与活力。

多面的珠宝钻石能够为单调而僵硬的黑白色带来最合适的焦点。每个人都有一颗最爱的宝石，或是闪闪发光的石榴石，或是光芒四射的红宝石，或是光辉耀眼的橄榄石。就好像佩戴珠宝，这些色彩的组合也能够彰显出令人窒息的美丽。但并不总是需要将黑色和白色引入整个设计，尤其对于那些格外艳丽的环境。色彩对比强烈的珠宝回头率相当高，而且它透出对旁人问候的殷切期待，比如："你看起来总是与众不同。我就从来不敢像这样搭配色彩。"

如果喜欢这样的反应，你一定是个活力四射、热爱交际、喜欢戏剧、喜欢高度兴奋事物的人，并且希望周围也是一样的环境，那么采用活泼情绪的色彩就再合适不过了。

活泼的色彩组合实例：水晶紫色、帝王黄色、黑色和白色，橄榄绿色、黄玉色、宝石蓝色；炭灰色、洋红色和银色。

案例展示：

3 plus 1　设计机构：Index Architecture

单从硬装布局上看，白色墙壁、浅木色地板、梯形木橱柜、大开窗只是铺垫了视野开阔、体量宽敞的空间基调。背景色越浅，越有利于进行陈设与色彩布局。这个空间被定位为一个儿童游戏室。在大小适中的空间内，设计师充分利用每个角落，在墙壁上开凿九个小格子，放置玩具，梯形木橱柜闭合时是靠背、墙壁，开合时则可以取出收藏的玩具。空间正中以一张五彩地毯为焦点：红色、橙色、蓝色、紫色系列的戏剧性色彩结合零星的深褐色、灰色系列的沉稳色彩，组成一片视觉跳跃感强烈的区域，从而激起了儿童在此玩耍的高涨情绪。从地毯中撷取灰色与深褐色，至一大一小两只玩具熊上，而其他小玩具则依旧以活泼明快的色彩为主，张弛有度。

在靠白墙处，则以斜线式摆放三只玩具狗，两红一黄的色彩搭配组合极富趣味，红与黄本就是活泼欢快的色调，放置于此，更为空间注入了几分童趣。在墙上的九个小方格内，也分别放入儿童喜欢的卡通玩具：粉色暴力熊、红色超级玛丽、大黄鸭等，糖果色与卡通角色的组合，处处契合空间主题。

综合整个空间色调，设计师主要以红与黄作为软装陈设中的渲染色，同时以灰褐色系缓冲空间的热烈情绪，让儿童不至于过度娱乐。

The garden of colors　设计机构：Gemelli Design Office

这是一个水果时蔬商店，设计灵感来源于大自然。于设计师而言，自然的特质在于“出生、精神力、感知力、自由、无限、多彩、和平、新鲜”，因此设计师在此采用了可循环使用的橡胶材料，涂以白、橙、红、绿四色，张扬的线条从天花板蔓延至地面，丰富的水果图案展示于墙面。

四种色彩中，白色代表纯洁和苏醒，作为中和色，恰到好处地均衡了空间色调，在一片饱和色中起到了稀释的作用，使人适时地从满眼缤纷中回过神来。橙色是太阳真正的颜色，热情、欢乐，极有力地调动了空间情绪。红色是最激烈的颜色，将空间氛围煽染至最高潮。绿色是目前最流行的空间装饰色，同时也标志着自然、环保。橙、红、绿三色是水果时蔬的常见色调，与墙上展示的水果时蔬图案相呼应，构成了一幅丰富多彩、新鲜时令、生机勃勃的和谐画卷。

Google Dublin Campus 设计机构：Camenzind Evolution

谷歌办公室是出了名的独具一格，其设计不仅体现为办公区的人性关怀，餐厅空间也处处彰显出谷歌“活力热情”的企业文化。“红橙黄绿紫”作为空间点缀色，散布于餐椅、座位隔断、吧台墙壁、窗帘中，让白色餐桌、棕色地板都成为空间背景色，在此用餐的员工被这五彩缤纷的点缀色重新燃起激情，所有疲惫在此烟消云散，愉快地投入到与同事之间的聊天中。

五彩缤纷的色调令人心情愉快，展示了活泼热情的企业文化，这份活泼热情对于企业友好氛围的营造也是有益的，避免了职场中普遍的陌生、防备心理，只有打破了人与人之间的隔阂，才能愉快地交流，进而提高办公效率。

七、浪漫

布满花花草草的花园，屋内烤箱里散发出烤面包的香味，一种亲密的感觉——这就是浪漫情绪。怀旧伤感但并不矫揉造作，也不带丝毫勉强。组成它的是夹在书里的花朵的颜色，是风干的玫瑰的颜色，是小宝贝均匀呼吸的颜色。这些柔和的色彩传递着欣喜、安抚着情绪。浪漫情绪不仅适合那些充满幻想的人，也同样适合那些有才能的人，比如喜欢将废弃物品重新利用的人（特别是在自己家中）。他们会将浪漫情绪应用在门前，用鲜花装饰一把缠绕成花圈的葡萄藤，或者很有爱心地制作一个小鸟笼，悬挂在花园的树枝上，如果没时间去亲手制作，他们也会在跳蚤市场、分类市场和各种商店里寻寻觅觅，直到找到合适的物件。

浪漫是青松色和藤条色的组合，再加上锦缎或者蕾丝装饰，洋溢着乡村生活气息。抑或是海边的小木屋情调，抑或是维多利亚时代洛可可风格与舒适日常风格的完美结合，营造出可爱如家般的舒适感。

浪漫情绪的相关色彩既不会太深沉也不会太苍白，不会太热烈也不会太冷淡，而是在其间的某一点取得平衡。就像夏天快结束时绣球花衰败时的微妙变化，浪漫情绪所体现的就是这样一种精巧而细微的中间点。

浪漫的色彩组合实例：灰薰衣草紫色、蓝绿色和杏黄色，黄褐色、玫瑰色和紫苏绿色。

案例展示：

这一玄关角落通过对室内外场景的结合，将广阔的大自然呈现于室内。粉红色花束分居边柜两侧，中间案台正中陈列一幅金色画框装裱的蓝天绿树图景，一只美丽的鸟儿陈设居中摆放，呼应画品和花品。陈设品的色彩采用了古典高贵的复古做旧色，彰显出非凡的气质。两盏台灯以米白色灯罩和金色灯座的组合，尽显奢华优雅。粉红色、蓝色、绿色、米白色、金色与复古做旧色共同构成了一个高贵浪漫的局部空间。

这一临窗角落可直接晒到窗外的阳光，原木色柜子、白墙黑色铁艺花朵图纹、白色座椅、粉紫色花艺以及一块以水青色为底色且缀以粉紫色和嫩绿色花朵图纹的桌布共同铺垫了整个空间的浪漫情调。这种色彩组合和配置，使办公空间好像一个温馨的家庭，一扫严肃紧张的办公氛围。

《慧驰设计办公室》　设计机构：慧驰设计

八、愉悦

温暖和奢华的色彩组合正是为某一时刻和地点而准备的，特别是想要感受吸引力和诱惑力的时候，但是鉴赏品位需要带一点异国情调，因为这是阿拉伯的劳伦斯喜欢的房间。这里常常能够发现濒危物种比如老虎或美洲豹模样的装饰物，以及人造毛皮。这也是一个能够激起性欲的房间，那种豪华和时髦的质感纹理会不断地引诱你。最恰当的摆设自然要数一张来自古老东方的地毯或一架双人马车。

如果愉悦情绪的房间是主卧，那么配套的浴室里最好有一个可以供双人沐浴且带水流按摩的浴缸，周围环绕着香味蜡烛。这可不是为胆小懦弱的人准备的——这里有粗野的红色、深沉的棕色、沙漠暗棕色、抛亮的金色、靛蓝色、亮粉色、芒果橙色、刺激的咖喱黄和辣椒红，当然还有乌黑色。

愉悦的色彩组合实例：咖喱黄色、亮粉色和靛蓝色，意大利梅红色、亮金色和青铜色。

案例展示：

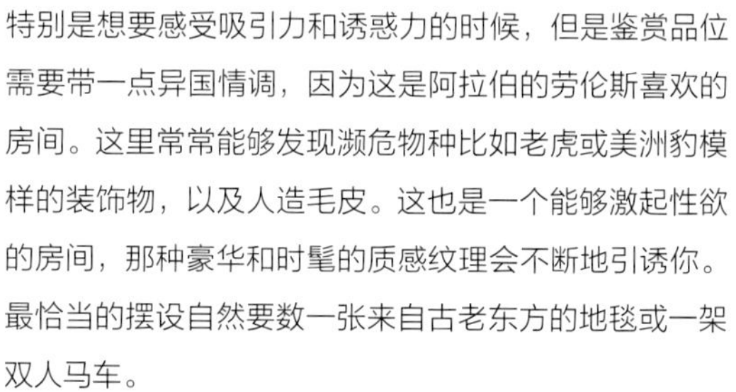

RL House　设计机构：Guilherme Torres

愉悦情绪的色彩组合往往是将各个色调发挥到极致，可以是极纯洁、极柔和的，也可以是极热烈、极奢华的，它们的共同点是在视觉印象的营造上匠心独运，将扑面而来的亲和、温暖、活泼等正面情绪信手拈来。就如这一组案例，设计师将蓝、绿、红三种糖果色的愉悦感发挥得淋漓尽致：蓝色作为其中一面墙壁的装饰色，与蓝色长形餐桌、蓝色蘑菇形坐墩、蓝色地毯色块相呼应，这抹柔和纯净的蓝就这么在空间中荡漾开来，而黑色烤漆长形壁柜的背景墙壁则采用浅青色墙纸，从蓝色中过渡，烘托出黑色壁柜、黑色人像装饰画的奢华感，彰显品质。浅青色墙壁上还有以白、红、黑、蓝、绿、黄六色为边的几何图形元素，在极浅色调的墙面上如此布局，使糖果色特有的活泼感跃然于墙上。

会客区将成熟与天真运用得游刃有余，深灰色皮革沙发彰显出大方优雅、奢华典贵，黑灰色布艺抱枕在材质上缓和了皮革材质的隆重感，将空间拉回了休闲、愉悦的氛围中。一席不同层次的青绿色地毯回应了浅青色墙壁，并衬托了粉红色小地毯以及其上的天蓝色蘑菇形坐墩，显得童趣十足，散发着天真活泼的气质，与蓝色长形餐桌、白色餐椅共同构成了友好愉悦的会客背景。

《大直极光》　设计机构：玛黑设计

这是一个特别的卧室，床由一块长形玻璃衬托，透明色的玻璃使空间上下几近贯通，犹如空中楼阁，在此睡眠想必能做一个天马行空的梦。设计师以不同层次的红色作为床单和抱枕的色调，床单中浮现着隐约的蓝色，与红色相衬，颇为梦幻。木色床靠背为空间增添了一分朴素。粉红色花朵、绿叶、透明色花瓶是床头唯一的摆设，与床品色调和玻璃色调相呼应，格外轻盈且带来了一丝空灵的快感。白色的墙壁、天花和支撑玻璃的两根白柱子加强了空间的“轻”。栖居于此，心绪是平静、梦幻、愉悦的。设计师试图通过空间的减法，营造轻松愉悦的睡眠氛围。

第六节 单场景配色速查 100 例

细心探究可以发现，色彩的搭配也是有规律和禁忌的，比如：

（1）不能在同一空间中出现三种以上主色调，否则视觉上会产生“色彩争斗”，显得乱而无序。

（2）过于平淡的色彩，用色若没有反差，则会显得过于单调和呆板，尤其是商业空间会导致顾客大量削减，从而造成毫无人气感。

（3）空间色彩配比必须主次分明，一般分为主色调和辅色调，两者比例控制在8:2或9:1，即可形成清爽的效果。

以下一些技巧和规律在色彩搭配时可以通用：

（1）当需要用到两种以上完全不同的色彩搭配时，需要先了解清楚色调的特性。

（2）和谐悦目的色彩组合来自室内色调的统一，也就是常说的明暗程度保持一致。

（3）明度强的色彩表现为近似深灰色及黑色，明度弱的色彩则表现为近似灰白色及白色。

（4）可以借助大背景板来张贴色彩搭配小样，通过样板来感受色彩搭配是否妥当。

（5）在条件不允许的情况下，可借由半闭双眼来分辨主色调、近似色等色彩。

（6）欧美陈设艺术由于文化背景的传承及空间的开阔，会以多元复杂的色系呈现视觉盛宴，在色彩运用、造型营造、材质选择方面丰富多元；亚洲地区则因空间的有限及文化背景的影响，色彩运用相对简单。

本节从国际顶级设计机构的作品中提取色彩配比的经典样本，分为橙色、黑白色、红色、黄色、蓝色、绿色、紫色、三原色，概括了各种色彩组合的要点，读者可直接从图表分类中速查到相关色彩组合，在制订方案时直接参考。

一、橙色

橙色的意义和使用技巧：

橙色是一个欢快而运动的颜色，具有明亮、华丽、健康、兴奋、温暖、欢乐、辉煌，以及易打动人的特性，不能用来营造严肃、庄重的氛围。

橙黄色与红色的协调搭配，能够有效刺激人的食欲。橙色由于具有欢快、活力的特性，也经常被用于快餐业的设计中。

1. 活力

R:228 G:224 B:220
R:169 G:145 B:123
R:226 G:124 B:4
R:70 G:64 B:92
R:130 G:37 B:32
R:89 G:39 B:20
R:41 G:14 B:10

Google Dublin Campus 设计机构：Camenzind Evolution

本空间色彩组合：浅灰色、深灰色、橙色、深蓝色、暗红色、棕褐色、黑色。

仅看一张图片会以为这是一个娱乐空间，但这其实是Google公司内的一个音乐室。设计师以活力四射的橙色布满空间焦点区域：橙色长形色块墙板、巨型彩色灯泡图纹墙纸、地毯图纹，与暗红色、深蓝色共同组成繁华绮丽的霓虹背景，犹如夜空下仍然热闹非凡的游乐场。钢琴、座椅用体现品质感的黑色点缀，浅灰色沙发从另一层面缓和了热闹的氛围，动静结合。条纹地毯则以红色和橙色为主，激发了空间的活力。

2. 青春

R:255 G:255 B:255
R:205 G:204 B:202
R:203 G:161 B:201
R:229 G:168 B:150
R:236 G:104 B:27
R:22 G:95 B:173
R:23 G:27 B:57

Skype 设计机构：PS Architect

本空间色彩组合：浅灰色、浅紫色、粉红色、橙色、蓝色、深蓝色。

橙色除了代表热情活泼，还象征着青春。这一空间是Skype公司的一个局部，设计师以橙色作为统帅，加入浪漫的紫色、梦幻的粉红色、希望满满的蓝色，再以浅灰色收尾，均衡了深与浅、冷与暖，淋漓尽致地彰显出青春的活力与气质，契合了Skype公司朝气蓬勃的企业精神。

3. 圣诞

The Garden of Colors 设计机构：Gemelli Design Office

本空间色彩组合：浅灰色、土黄色、青色、橙色、绿色、深红色。

这是一个水果蔬菜商店，丰富多元的色彩组合营造了一番动态的花园图景。非常规的线条和色块将空间包装成了一个“礼物”。这种色彩组合同样适用于圣诞气息浓厚的空间，橙色作为中间点，串联起土黄色、青色、绿色与深红色。红色本就喜庆，青绿色则自然清新，橙色色块的加入，呼应了两者，并进一步烘托了空间氛围，使空间呈现出缤纷动态的视觉印象。

4. 小资

HSB 设计机构：PS Architect

本空间色彩组合：浅灰色、橙色、浅青色、橘色、绿色、玫红色、黑色。

经典的黑白色沙发配上色彩丰富的正方格子地毯，看上去时尚气息十足，彰显出 HSB 公司紧跟都市潮流且不失个性的企业文化。黑色、白色、玫红色、蓝色都属于颇为时髦的色彩，而浅灰色、浅青色素雅沉静，在这些颜色中加入明朗的橙色与橘色，小资气息脱颖而出。

5. 节奏

R 220 G 168 B 112

R 218 G 120 B 43

R 102 G 51 B 26

R 175 G 157 B 30

andex SPB II Office　设计机构：Za Bor Architects

本空间色彩组合：橙色、青绿色、灰色。

设计师在办公空间的走廊区域运用了大量的色彩组合，将其中一个办公室的外部窗口处理成橙色，三角形窗户个性十足。与之靠近的是一个非常规造型的渐变色隔断，不同层次的橙色在不同的阶梯、方格之间相互交叉，遵循了视觉节奏原理。

6. 旋转

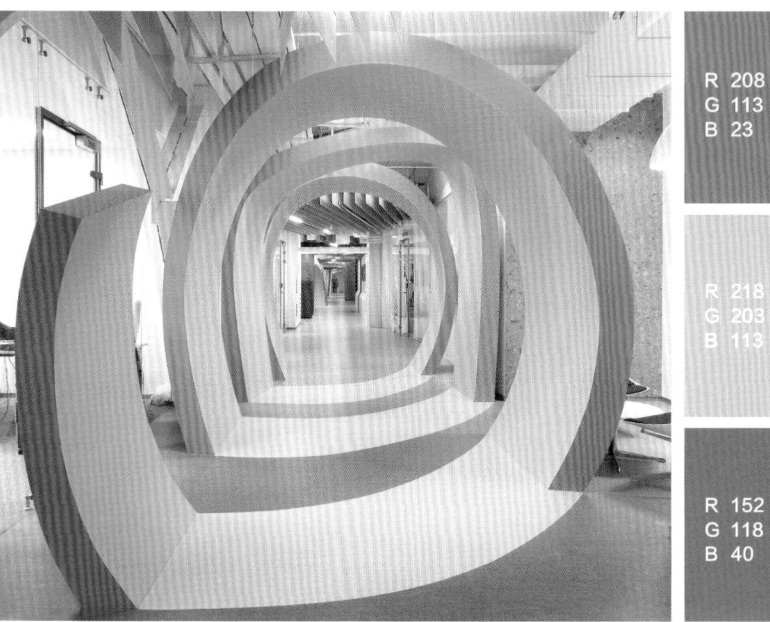

R 208 G 113 B 23

R 218 G 203 B 113

R 152 G 118 B 40

Yandex SPB II Office　设计机构：Za Bor Architects

本空间色彩组合：橙色、灰色、果白色。

这里的走廊空间更像是进入乐园之前的通道，由橙白两色组成的弯曲面板蜿蜒前行，与苹果皮被水果刀一次性削落后的形状类似，果白色的内里与橙色的外板形成旋转之势，颇有几分情趣。

二、黑白色

黑白色的意义和使用技巧:

黑白色被称为“无性色”，也可称为“中性色”，属于非彩色的搭配。

黑白色是最基本和简单的搭配，白字黑底和黑底白字都非常清晰明了。灰色属万能色，可以和任何彩色搭配，也可以帮助两种对立的色彩和谐过渡。

黑色意味空无，像太阳的毁灭、永恒的沉默，没有未来，失去希望。黑白两色是极端对立的，但有时它们之间又有难以言状的共性。它们都可以表达对死亡的恐惧和悲哀，都具有不可超越的虚幻与无限的精神。

在色彩体系中，灰色作为彻底的中性色是最被动的色彩，依靠邻近的色彩获得生命。灰色一旦靠近鲜艳的暖色，就会显得冷静与沉稳；但若靠近冷色，则变为温和的暖灰色。

黑色是很多人非常喜爱的色彩，可用于各种领域。象征着神秘、寂寞、黑暗、压力、严肃、气势……黑色在感情上表达的是哀伤，在性格上表达的是深沉，在色彩上表达的是独特，也可以说黑色表达的是无光、哀伤、深沉与黑暗。但人们往往用黑色来表达正能量的一面。白色代表纯洁，象征圣洁优雅，包含光谱中的所有色彩，通常被认为是“无色”的。白色明度最高，无色相。可以将光谱中三原色的光即红色、蓝色和绿色按一定比例加以混合而得到白光，光谱中所有可见光的混合也是白光。前面提到过，不同的色彩在不同的环境或者国家中拥有不同的含义，譬如白色在东方和西方拥有截然相反的含义，所以用色需谨慎，以满足受众群体的心理需求。

1. 简约

世界向东传承助学导师 Hofman Dujardin 作品

本空间色彩组合：淡灰色、浅灰色、深灰色、蓝灰色、黑色。

夸张的造型使这个空间显得颇为抢眼，设计师运用不同层次的灰色与黑色，使会谈空间与其他空间独立开来，灰色与黑色本身的庄重气质也为会谈营造了严谨的气氛。

2. 灵动

R:194 G:189 B:185

R:144 G:149 B:160

R:67 G:73 B:80

R:163 G:148 B:118

R:144 G:149 B:160

R:67 G:73 B:80

R:163 G:148 B:118

A House for Life　设计机构：Ryntovt Design

本空间色彩组合：浅灰色、石灰色、灰黑色、浅棕色、木色。

灰色调的窗帘、沙发与浅木色地板、橱柜的组合兼容了冷与暖，窗帘内衬的枯木树枝图案进一步增强了空间的灵动感，整个空间犹如一间寂静的冬日树屋，洁净安逸。

3. 洁净

R 222
G 217
B 208

R 73
G 75
B 79

R 187
G 164
B 118

UMO Radio Office　设计机构：Ryntovt Design

本空间色彩组合：灰色、白色、浅木色。

这个空间的色彩组合，其灵感来源于墙上黑、白、灰色相间的画作，画面中荒野森林的寂静、简洁、干净使人产生强烈的共鸣，以此延伸至灰色长沙发、地面、窗帘、浅木色桌椅、柜子，一切都显得理所当然，画里画外彼此相连，营造了一个洁净无比的空间。

4. 静逸

Rica Hotel Narvik　设计机构：AS Scenario Interior & Architect

本空间色彩组合：黑色、米白色、青色、黄色、红色、灰色、蓝色。

这是一个酒店大堂，黑色地板、台灯、布艺沙发与米白色吊灯、部分藤椅的组合令空间看起来无比时尚且拥有质感。再搭配几张米白色、浅木色藤编座椅以及糖果色地毯、抱枕，空间沉浸在安逸的氛围中，给人安静但不枯燥的视觉印象。

5. 明净

DK Studio　设计机构：Megabudka

本空间色彩组合：黑色、白色、浅青色、深青色、红色、浅灰色、木色。

这是一个邻近办公区域的洽谈区，浅灰色地板中间铺设了一块长形黑色地毯，承托起洽谈区的沙发与桌子，独立出一个交谈空间。非常规造型的沙发和桌子给人耳目一新的感觉，一张红色座椅放置在青色沙发旁边，在造型和色彩上相互呼应。沙发背后由黑色坐台支撑，灰青色、白色、青色、白色、青黄色五张造型各异的座椅并排陈列，恰到好处地点缀了空间。黑框白面的窗户更增添了空间立体感。

6. 摩登

R:241 G:241 B:239
R:206 G:198 B:188
R:212 G:145 B:169
R:137 G:174 B:133
R:186 G:36 B:33
R:24 G:50 B:96
R:19 G:18 B:19

RL House 设计机构：Guilherme Torres

本空间色彩组合：黑色、白色、灰色、粉红色、粉绿色、青色、红色、蓝色。

黑色与白色除了可以营造庄重感以外，还能散发出几分摩登气息。这是一个都市气息十足的客厅空间，糖果色的点缀令空间分外活泼明朗，黑色和白色被运用于沙发、抱枕、餐椅、边柜、画品、灯具上，皮革、布艺、烤漆的材质加上黑色和白色本身的冷色调，使物件品质感十足，与糖果色的搭配进一步点亮了空间，看上去时尚摩登。

7. 柔软

R:249 G:245 B:243
R:235 G:223 B:207
R:158 G:127 B:90
R:138 G:110 B:87
R:108 G:89 B:71
R:71 G:55 B:36

Barents Krans 设计机构：Hofman Dujardin

本空间色彩组合：米色、浅咖色、浅棕色。

这个洽谈区同时也是休息区，位于办公区域的走廊过道。一片用特殊材料制成的米白色云朵被悬挂于墙面上，米白色作为浅棕色天花板与毛绒地毯之间的过渡色，很好地承接起两种色调。而两个宽扶手沙发、小圆桌、地毯采用了不同层次的米色系，分成浅咖色与浅棕色，使整个空间看上去柔软温馨，是工作空间少见的色调。

8. 优雅

Royal Brothers 设计机构：ONG & ON

本空间色彩组合：黑色、奶油白色、古金色、蓝色、橘色、棕色。

这个小小的会议室拥有明朗的空间轮廓，线条笔直，玻璃窗上的黑色长方形窗框加强了空间存在感，与室内两侧的黑框玻璃门面相呼应。奶油白色沙发与黑色椅角的设计给人泾渭分明的视觉印象，黑色矮方桌的直线条同时呼应了窗框。四座奶油白色落地灯进一步为空间注入了优雅的气质。唯一的缤纷体现在由各色细条纹组成的地毯上，这份缤纷与天花板上的古金色吊灯相呼应，尽显奢华典雅。

9. 整齐

HSB 设计机构：PS Architect

本空间色彩组合：浅灰色、浅紫色、深木色、黑色、白色。

餐桌、餐椅统一采用了黑色，周边橱柜和隔断则一致采用了深木色，地板也采用了整齐有序的黑白灰色格纹瓷砖，整个空间的秩序感极强。悬挂在浅灰色天花板上的四个吊灯，成为整个空间的点睛之笔。这四盏吊灯的分布格局是：一盏白色椭圆形、一盏金棕色圆形、两盏浅紫色锥形。这两盏相同的浅紫色吊灯平衡了彼此的差异，同时与周边硬装相衬，于秩序中自有出彩之处。

10. 自然

R:228 G:239 B:249

R:196 G:201 B:207

R:166 G:181 B:208

R:59 G:165 B:55

R:23 G:60 B:32

R:171 G:127 B:49

R:45 G:30 B:14

Greenhouse 设计机构：Open Architecture and Design

本空间色彩组合：白色、木色、绿色、米色。

这个办公空间试图将大自然植入室内，设计师将绿植以垂吊、平放的方式置于空间中，浅木色地板与天花板横梁、支架正好呼应了自然环保的绿植。为了配合空间中植物的存在方式，营造自由开放的办公氛围，设计师采用非常规造型的白色桌面与米色座椅，营造了洁净舒畅的视觉印象。

11. 古朴

R 202 G 191 B 173

R 192 G 155 B 91

R 107 G 64 B 38

R 71 G 107 B 50

R 10 G 4 B 6

Blossom Hill 设计机构：Dariel Studio

本空间色彩组合：黑色、白色、蓝绿色、青色、浅木色。

这个酒店套房颇具新东方风格的古朴气质，深沉的黑色木桌和座椅营造了庄重严肃的对话氛围，浅木色茶盘、青色与白色结合的绿植恰好为空间注入了几分自然气息。方正的中式床与桌椅风格相呼应，统一的黑色将白色床品衬托得更加洁净。蓝绿色画作是点睛之笔，在这个以黑白色为主调的空间中，让人眼前一亮。

12. 工业

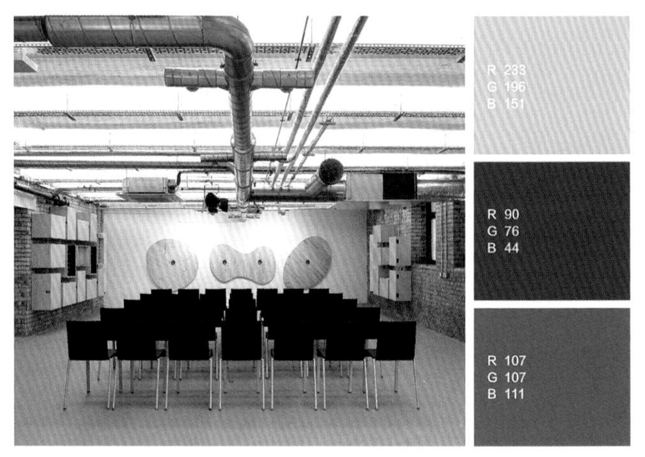

R 233 G 196 B 151

R 90 G 76 B 44

R 107 G 107 B 111

Troika 设计机构：Studio Tilt

本空间色彩组合：黑色、白色、灰色、木色。

大量裸露的钢管、砖墙奠定了这个空间的工业风格，设计师以纯黑色作为座椅的色调，一排排陈列开来，极具阵势，而不锈钢椅脚则极具科技感，同时与裸露的钢管相呼应。旧色砖墙上的白色壁柜与黑色座椅形成鲜明的黑白对比。灰色屏幕背景墙上三个非常规图形显得趣味十足，木色与黑色点缀结合得恰到好处。

13. 纯粹

R 84
G 60
B 38

R 204
G 173
B 142

R 171
G 111
B 49

R 188
G 44
B 46

W Hotel 设计机构：Concrete Architectural Associate

本空间色彩组合：白色、灰色、黑色、红色。

这个空间的所有家具都采用了白色，如沙发、座椅、帘幕、壁柜架、天花板，而抱枕则选择了素雅的浅灰色，形成了轻微的视觉起伏。天花板与下方空间的交界处用一抹烤漆黑色钢板点缀，极具品质感。因此，整个空间带给人十分纯粹的心灵感受。

14. 极简

R 189
G 160
B 110

R 142
G 142
B 141

R 14
G 11
B 9

UMO Radio Office 设计机构：Ryntovt Design

本空间色彩组合：黑色、灰色、浅木色。

这个办公室的布局极其简洁，用灰色将墙壁、地板、座椅坐垫和靠背全部覆盖，加入浅木色门面、扶手，两色结合，一股宁静闲适的气息自然地蔓延开来。灰色的中立性质让办公室保持严肃理性。一盏极简设计风格的黑色落地灯在此显得别具一格，进一步展现了极简风格的特质。

15. 空间感

R 225
G 215
B 74

R 148
G 177
B 38

R 53
G 77
B 38

R 115
G 113
B 112

Yandex SPB II Office 设计机构：Za Bor Architects

本空间色彩组合：黑色、白色、灰色、黄色、绿色。

这个企业的办公空间从内到外都充满了张力。走廊区域除了渐变的黄绿色方格图层外，最显眼的莫过于黑、白、灰三色的时钟装置，石头般的大体量灰色物件上，装裱着黑框白底的时钟，在提醒员工时间的同时，也强调了空间感。

16. 热闹

R 221
G 190
B 120

R 182
G 71
B 33

R 142
G 30
B 34

R 23
G 42
B 56

R 170
G 161
B 152

Fogara + Bryan's 设计机构：Mu oz Arquitectos Asociados S.C.P

本空间色彩组合：黑色、白色、木色、红色。

有黑、白两色大量出现的地方，通常是严肃、简约、宁静的。然而在这里，黑、白两色与大量的木桌椅、木柜以及暖色的灯光结合，使空间瞬时热闹起来。黑色坐垫、白色餐具看上去不再是次要存在，而是为这热闹的背景加入了品质感，同时，与桌上的红色开瓶器形成红、白、黑的色彩组合，颇有一番情趣。

17. 融合

R 222
G 165
B 72

R 147
G 32
B 35

R 206
G 23
B 122

R 90
G 138
B 179

R 110
G 101
B 113

本空间色彩组合：白色、灰色、黑色、红色、橘黄色。

这个空间的色彩布局原理在于将大件家具、大面积背景以中性的黑、白、灰色装饰，如白色吊灯、灰色地毯和沙发、书架隔层的黑色背景墙。在铺垫好大场景后，就容易在其中尽情制造小局部：单张红色沙发、橘黄色抱枕图纹、灰蓝色书本……三种以上的色彩在此融合，依托于黑、白、灰三色的铺垫，尽显一派和谐。

CitizenM Bankside 设计机构：Concrete Architectural Associates

18. 视野

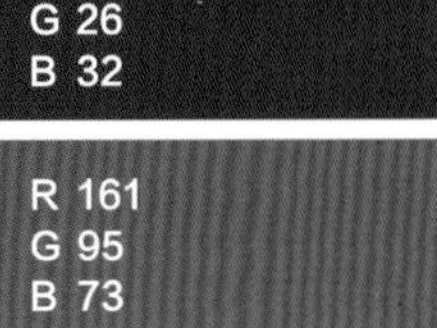

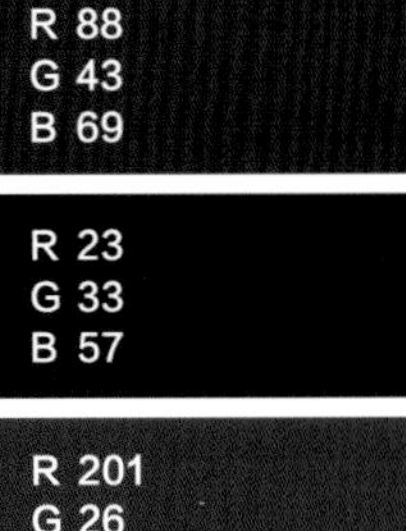

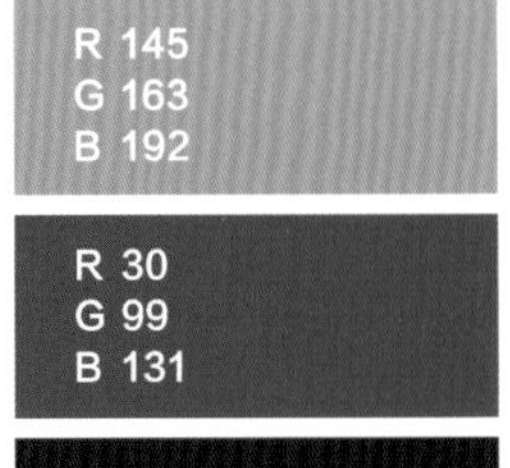

R 145
G 163
B 192

R 30
G 99
B 131

R 88
G 43
B 69

R 23
G 33
B 57

R 201
G 26
B 32

R 161
G 95
B 73

本空间色彩组合：黑色、灰色、灰蓝色、红色、灰紫色。

这个酒店餐厅拥有极其开阔的视野，但空间面积原本不大，属于中等级别。设计师在空间中铺陈了统一的灰色调，以黑色或灰色装饰将空间的硬装和大件家具。穿插交错的灰蓝色、红色抱枕也在其中起到活跃视觉的作用，使空间兼具视野的开阔感和灵活的跳跃感。

Rica Hotel 设计机构：AS Scenario Interior Rarkitekter MNIL

19. 映像

CitizenM Bankside　设计机构：Concrete Architectural Associates

本空间色彩组合：黑色、白色、灰色、木色、红色。

这个空间的最亮眼之处是采用了大量有映像功能的材质，如镜子、不锈钢椅脚和靠背，使空间兼具科技感和都市感。黑色坐垫、吊灯以及天花板采用旧报纸图样装饰的版面，尽显空间的高端大气。桌上陈列的红色蜡烛也进一步点亮了空间。

三、红色

红色的意义和使用技巧：

红色在所有色彩中是最热烈、最积极向上的。红色代表吉祥、喜气、热烈、奔放、激情、斗志、革命，在众多场合象征喜庆和运气，在许多文化仪式上被广泛使用。红色是全然的自我、全然的自信、全然的爱与恨、全然的掌控，是性感的西班牙女郎，是最富渲染力的弗拉明戈，是性感豪放，是自由不受羁绊！红色给人动力、勇气和希望，触发自信、力量和热情；但红色也会激发欲望、激情、厌恶、恐怖，象征暴力下的血腥。

积极意义：活泼、积极、热情、爽快、意欲、新的开始、先驱、名誉。

消极意义：疲劳、攻击性、好色、肆意行动、不满、性急、不沉着、虚荣心强。

红色可以刺激身体的感觉，有助于激发力量与勇气，在疲劳或忧郁时贴近红色有利于增加气力，消除消极情绪。对于性格内向的人，红色有助于表达自己的思想，坚持自己的主张。

红色能够加速血液流动、迸发激情。人看见红色时，脑垂体会产生反应，化学信号会在极短的时间内由脑垂体传递到肾上腺，继而分泌肾上腺素，因此红色有激发爱情和增进食欲的作用。在需要营造激情、力量、速度的空间中可以大胆运用红色，会带来最奔放、最刺激的畅快体验！

1. 高雅

Rica Hotel 设计机构：AS Scenario Interior & Architecture Design

本空间色彩组合：黑、白、灰、红、浅紫色。

餐厅所处的位置是整个酒店中最开阔的地方，透过落地窗可以欣赏户外的城市夜景，颇为壮丽。黑色窗框、柱子、餐桌，搭配部分灰色布艺餐椅；另一批桌椅则选择纯红色，以凸显惊艳之美。浅紫色地毯与地毯上的零星红色图纹，呼应餐椅的红。线条优美的白色欧式吊灯，仿佛这个华丽空间上方的点点繁星，将空间装点得婀娜多姿。

2. 古朴

Ranch House 设计机构：Galeazzo Design

本空间色彩组合：灰色、木色、棕色、深褐色、绿色、白色、红色。

红色作为热烈鲜艳的色调，如何与古朴气息浓厚的空间相适应？这个空间是解决这一问题的一个好例子。在这个开放式的餐厅内，从灰色砖墙吧台的上方可以直眺望到天空，绿植从上方垂下来，灰色与棕色相结合的古朴石砖作为墙面装饰，进一步营造了原生态的空间氛围。木色长餐桌、深褐色餐椅扶手靠背与浅木色坐板相结合，起到了承上启下的作用。而靠近吧台的一批红色餐椅，恰到好处地点亮了空间，同时又不失古朴风味。

3. 激情

Google Dublin Campus 设计机构：Camenzind Evolution

本空间色彩组合：红色、白色、灰色、黑色、绿色。

这个餐厨两用的空间被红、白色覆盖，显得激情四射。天花板的方形隔板以白色环绕，红色居中延伸而下。与红色隔板对应的是一张长形白色餐桌，而地板与橱柜的外观又变成了红色。红白组合堪称经典，让人感受到空间的热情温暖，而点缀其间的灰色、黑色、绿色又丝毫没有破坏这份和谐。

4. 狂欢

Google Dublin Campus 设计机构：Camenzind Evolution

本空间色彩组合：浅灰色、深灰色、橙色、深蓝色、暗红色、棕褐色、黑色。

在橙色篇章中已经提到过这个空间的活力，橙色代表活力，加上更为猛烈的红色，足以构成一个供人狂欢的场所。设计师将白色窗户周边的墙面涂抹成红色，并摆放一张红色布艺沙发，鼓手区也用一张红色地毯与其他空间区别开来，打造了一个激情四射的局部空间，同时与对面的橙色晕染图纹背景墙相呼应。

5. 摩登

MTV Studio 设计机构：Danpearlman

本空间色彩组合：红色、白色、咖啡色、深棕色。

不同层次的红色被运用于墙壁、天花板、三张座椅上，与白色天花板、桌子相衬，颇显干净明亮。都市风十足的桌椅搭配L形咖啡色布艺沙发、浅米色地毯和落地灯，使空间于热情中带有沉稳，给人摩登时尚的视觉印象。

6. 碰撞

Eneco Headquarter 设计机构：Hofman Dujardin

本空间色彩组合：红色、浅灰色、黑色、浅木色、绿色。

一张大面积的深红色地毯让人精神一振，然而浅木色桌子缓和了这份热烈，黑色座椅则迎合了这份高贵。设计师似乎不甘心如此简洁直接地呈现视觉印象，故而摆放了一张拥有不同层次红色的非常规造型沙发：纯红色、大红色、玫红色，层层交叉递进，分外明艳。色彩的碰撞使空间始终处于一种动态的跳跃中。白墙上的灰色画底、黑衣人弯腰而跪的装饰画进一步扩展了空间张力，整个空间处于一种激情的碰撞中。

7. 童趣

3 plus 1　设计机构：Index Architecture

本空间色彩组合：棕色、黄色、红色、橙色、蓝色、绿色。

这个儿童活动室的色彩是缤纷的，几乎囊括了所有亮色系，与普遍的糖果色不同的是掺入了沉稳的棕色。如此成熟的色调出现于儿童活动室，那么必定需要一种与之相差悬殊的色彩对其进行压制，这个对立色就是红色，暗红或纯红，都能够有效均衡棕色和其他亮色系的关系，使活动室拥有元气满满的精气神，不落媚俗。

8. 乡村

HSB　设计机构：PS Architect

本空间色彩组合：紫色、玫红色、灰色、白色、棕黄色。

这个接待室虽小，却因为一墙的玫红色与紫红色交错的花朵而增色不少。花开烂漫、明艳色彩令人瞬间心情舒畅，打开了人与人初次相见的心扉。晕染的灰色地毯看上去非常柔软，与花朵的丰满相呼应，两者都让人觉得友好、踏实、安全。浅灰色座椅和白色桌子则让人头脑清醒，认真谈判。椅背上的一个棕黄色小圆扣起到点睛的作用。

9. 波普

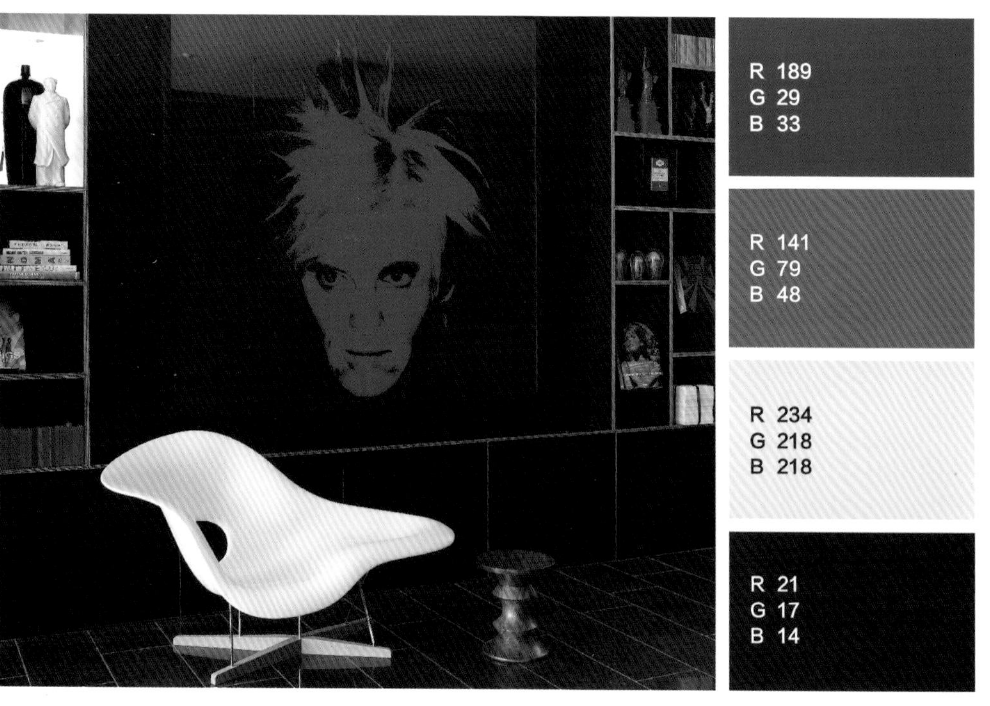

R 189 G 29 B 33

R 141 G 79 B 48

R 234 G 218 B 218

R 21 G 17 B 14

CitizenM Bankside 设计机构：Concrete Architectural Associates

本空间色彩组合：红色、黑色、白色、木色、紫色。

一张黑色画底的安迪沃霍尔头像通过红色的涂抹，进一步提升了视觉冲击力。柜架上陈列的红色陈设呼应了空间基调，将安迪沃霍尔的波普风带入这个空间。白色座椅的椅脚由两根木材交叉为底，由不锈钢连接支撑，颇具后现代风格特色。红黑相衬的色彩组合和艺术元素将波普风彰显得淋漓尽致。

10. 光影

R 216 G 40 B 79

R 167 G 34 B 36

R 55 G 55 B 56

W Hotel 设计机构：Concrete Architectural Associates

本空间色彩组合：红色、黑色。

这是一个极其惊艳的酒店酒吧，除了硬装中的不锈钢元素，软装陈设主要以红、黑两色装饰，但灯光的布局使部分区域的红色更加晃眼惊艳，黑色更加神秘深邃。这种光影效果结合惊艳的红、黑两色，极具视觉冲击力。

11. 简单

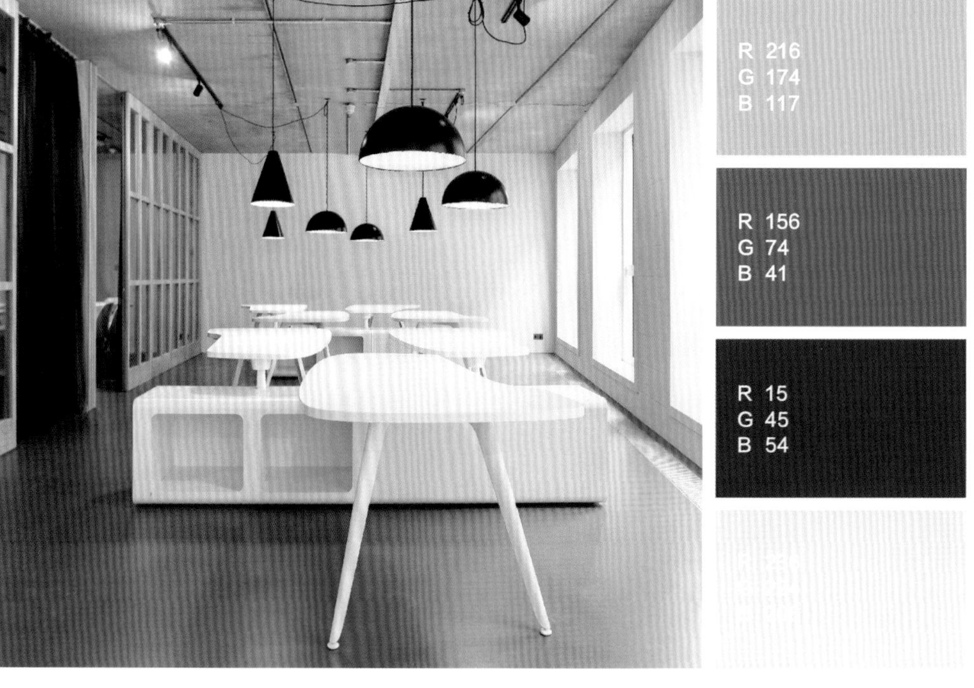

R 216
G 174
B 117

R 156
G 74
B 41

R 15
G 45
B 54

本空间色彩组合：红色、白色、黑色、木色。

这个空间的美妙之处在于布局简单：由上至下可见灰色天花板、黑色吊灯、白色桌椅和红色地板，每一层面都只由一种颜色统领，最后将压轴戏放到纯红色地板上，让唯一的亮色点燃空间。

Trokia 设计机构：Studio Tilt

12. 平衡

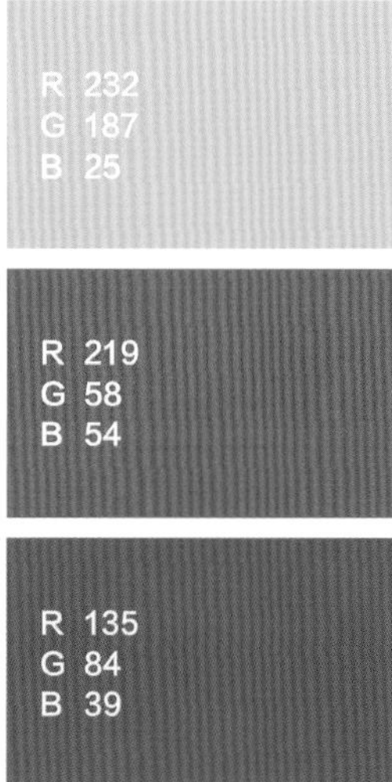

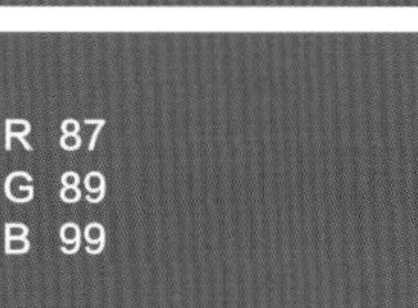

本空间色彩组合：红色、黑色、灰色、白色。

这是一个一家人围坐在壁炉前温馨交流的空间场景，因此不需要太强的视觉冲击力。但这个酒店的整体风格是高端大气、华丽惊艳的，红、黑两色依旧需要沿用至此。设计师规规矩矩地将两张红色沙发面对面摆放，再规规矩矩地围绕小桌且更近的距离摆放两张黑色沙发。壁炉背景墙采用黑色，与其相呼应。小桌上的两只红色蜡烛与红色沙发相呼应。空间氛围和谐友好、恰到好处。

CitizenM Bankside 设计机构：Concrete Architectural Associates

13. 情趣

R 239 G 175 B 112
R 168 G 30 B 51
R 71 G 5 B 9
R 60 G 44 B 32
R 52 G 70 B 84

W Hotel 设计机构：Concrete Architectural Associates

本空间色彩组合：红色、黑色、白色。

长形黑色沙发、白色壁柜以及雪白色天花板、墙壁，彰显出空间的高端大气，却少了几分情趣。设计师通过加入大红色沙发坐垫以及红橘相间的花束，轻轻松松地营造了浪漫的空间情趣。

14. 融合

R [illegible] G [illegible] B 126
R 190 G 60 B 36
R 16 G 52 B 80
R 157 G 144 B 124

Trokia 设计机构：Studio Tilt

本空间色彩组合：红色、灰色、黑色、黄色。

这是一个较私密的小型洽谈空间，灰色沙发座椅与灰色小桌看上去令人觉得太过深沉严肃，如此近的距离也容易让空间陷入不利于交谈的凝滞状态。因此设计师巧妙地将地板涂抹成红色，使空间氛围瞬间热烈起来，黄色吊灯使空间上部与下部有机地融为一体。

15. 私密

R 197
G 126
B 66

R 229
G 165
B 34

R 157
G 153
B 151

R 156
G 46
B 42

Yandex SPB II Office 设计机构：Za Bor Architects

本空间色彩组合：大红色、芥末黄色、白色、灰色。

这个洽谈空间位于走廊区域。为避免被来来往往的人群影响，导致谈话中断，设计师在结合内部空间色彩格局（芥末黄色座椅与白色桌子）及外部走廊区域灰色地毯的同时，以巨大的红色幕布围合空间，保护了交谈的私密性。

16. 妩媚

R 245
G 210
B 135

R 152
G 112
B 66

R 211
G 90
B 137

R 116
G 47
B 29

Trokia 设计机构：Studio Tilt

本空间色彩组合：玫红色、白色、浅木色、黑色、纯红色。

白色座椅、橱柜与木色桌子、隔断的结合强调了自然朴素，但设计师志不在此，后加入的三盏玫红色吊灯以及纯红色地板，不仅有效承接了空间上部与下部，也给原本朴素的空间添加了几分妆容，使之更加妩媚。

17. 线条

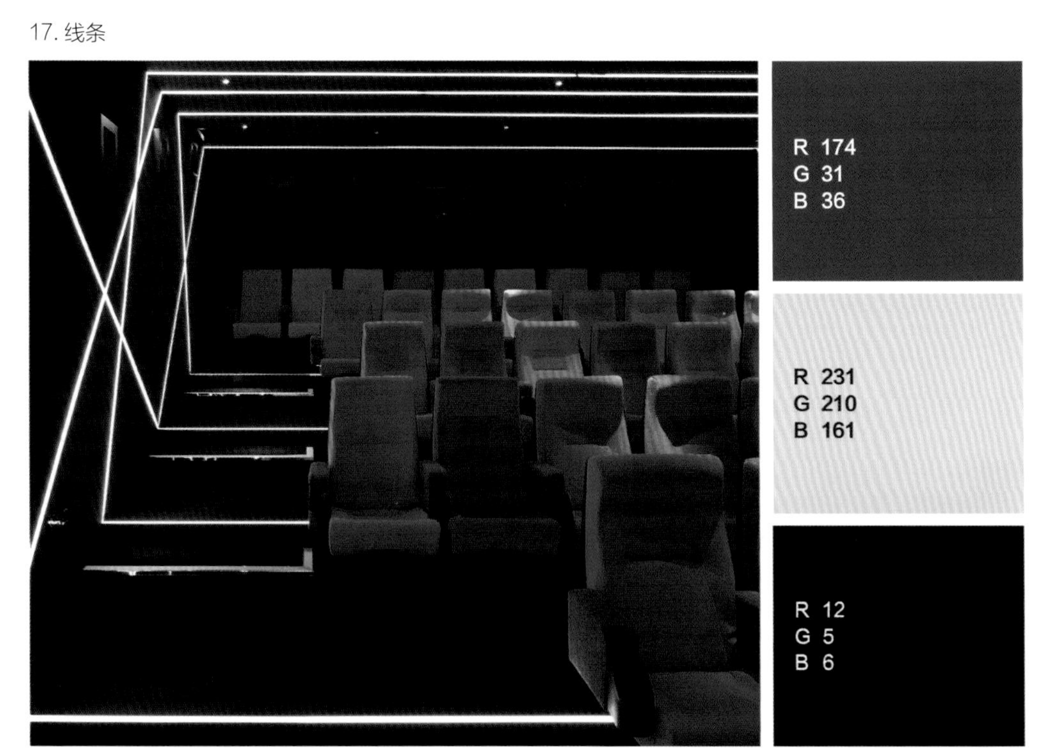

W Hotel 设计机构：Concrete Architectural Associates

本空间色彩组合：红色、黑色、白色。

红黑相衬的色彩组合常常用来展现高贵优雅的空间品质，但却像穿着礼服的贵族，只能端庄地站立或安坐，很难灵动起来。所以设计师在楼梯、墙壁、天花板中加入了白色LED灯，构成了一根根动感十足的线条，十分醒目地围绕在红色座椅与黑色硬装背景中，同时活跃了空间气氛。

18. 英伦

CitizenM Bankside 设计机构：Concrete Architectural Associates

本空间色彩组合：红色、黑色、蓝色。

这是酒店内一个极为开放的公共区域。空间布局上，十字形黑色沙发将公共区域分成四个小部分，每个小块中放置红色小桌，用于盛放杯具，长形沙发依旧沿用黑色系。红色、蓝色、红白蓝色相间的抱枕摆放在各个沙发上，组成了红白蓝色相间的色彩格局，将英伦风格展现得淋漓尽致。

四、黄色

黄色的意义和使用技巧:

黄色给人轻快又充满希望和活力的感觉。在中国古代，黄色是高贵的颜色，属于暖色系，有大自然、阳光、春天之义，而且通常被认为是快乐和有希望的色彩。黄色为高可见度色彩,因此常被用于健康和安全设备以及危险信号中。这种高可见度是非常引人注目的，在屏幕中会过于引人注目，但白色背景中的黄色看起来会非常吃力。

黄色可以由浅黄色（奶酪色）到柠檬色再演变到金黄色。黄色作为暗色调的配色，效果会非常好，可以极大地点亮一个暗色调的设计，又可以起到类似于红色和橙色的那种极为夺人眼目的效果。黄色和蓝色是一个经典永恒、不落伍的组合，黄色可以唤醒低调的蓝色，从而创建高对比度的配色。

紫色是黄色的补色，也是一个高对比的配色组合。打造更接近泥土色的色彩组合，可以混合黄色、棕色、苔绿色和橄榄绿色。结合浅绿色和橙色，黄色可以创建一个柑橘或者水果类的色盘。黑色和黄色相结合，可以形成工业化的视觉效果。

1. 朝气

HSB 设计机构：PS Architect

本空间色彩组合：黄色、橙色、棕色、白色、咖啡色、黑色、红色。

一排明黄色的座椅夺人眼目，并使人瞬间产生好心情。白色长桌与之相衬，相得益彰。虽然是会议室，却没有普通会议室的拘谨严肃，墙面上以及黑色电视的左、右、上方都悬挂着色彩明亮、气质活泼的装饰画，它们采用了明朗的黄色、橙色，穿插蓝、红、绿等色，颇有波普风又略显嬉皮。窗台边柜上摆放着三个小摆件，棕灰色、红黄色、红白色，小巧的造型加上明暗均衡的色彩组合，填充了窗台处的空白，使整个会议室朝气蓬勃。

2. 光明

R 246
G 243
B 178

R 239
G 181
B 24

R 184
G 176
B 173

Trokia 设计机构：Studio Tilt

本空间色彩组合：黄色、灰色、黑色。

灰色长桌，黑色布帘，大背景是一个神秘的暗黑色空间，然而却并没有令人觉得死气沉沉。明黄色座椅与灯罩的出现犹如黑暗森林中迷路的行人，跋涉良久后看到的一个散发温暖灯光的小屋。黄色在此成为启明星一般的存在，使整个空间朝气蓬勃。

3. 放松

R:238 G:228 B228:

R:200 G:201 B:198

R:231 G:174 B:0

R:0 G:107 B:78

R:186 G:32 B:39

R:14 G:59 B:146

R:67 G:61 B:58

Design Office 设计机构：Danpearlman

本空间色彩组合：蓝色、红色、黑色、绿色、黄色、灰色、白色。

靠背和扶手都很高的长形灰色沙发将外界隔绝开来，员工在此工作仅需一张小桌，依偎着抱枕如同坐在家里的沙发上，感到无比放松。首先，这是一个格局化的设计；其次，在色彩上，深灰色沙发与米灰色抱枕、黑白色小桌的组合，容易使人精神疲倦。因此，设计师加入了长形明黄色抱枕，使人眼前一亮，精神振奋。墙上的五块长形画板分为蓝色、红色、黑色、绿色、黄色，一抬眼就能看到，给员工带来了视觉惊喜。

4. 记忆

R:255 G:253 B:249

R:185 G:157 B:131

R:175 G:173 B:168

R:127 G:128 B:178

R:231 G:152 B:8

R:86 G:106 B:49

R:82 G:48 B:37

MTV 设计机构：Danpearlman

本空间色彩组合：咖啡色、黄色、玫红色、白色、黑色、绿色。

初入一个公司的接待处，客户往往会观察周边环境，以此了解这个公司的企业文化。接待区摆放着咖啡色与黄色相结合的布艺沙发，沉稳又跳跃，内敛又明朗，咖啡色让人心安，黄色让人思维跳跃。照片展示了墙上布满玫红色和黑白色的组合图像，颇为引人注目。坐在此处，客户也跟着企业的记忆转动思维。

5. 节奏

R:251 G:251 B:250

R:196 G:170 B:136

R:103 G:143 B:181

R:166 G:110 B:34

R:90 G:70 B:49

Google Dublin Campus 设计机构：Camenzind Evolution

本空间色彩组合：芥末黄色、蓝色、灰色、绿色、棕色、白色、黑色。

四个落地灯两两摆放，布局合理规矩。但色彩上的安排却体现了一种节奏感：棕白相间的格纹灯罩与白色灯罩为一组，格纹灯罩和芥末黄色灯罩为一组，三冷一暖的搭配给人跳跃的视觉印象。芥末黄色地毯与同色灯罩相呼应，并延伸至玻璃门上的黄色星星和条框，有前有后。黄色星星用蓝色线条相衬，极具纯真明朗之美。

6. 渴望

DK Studio 设计机构：Megabudka

本空间色彩组合：黄色、青色、白色、木色、红色、黑色、灰色、水蓝色。

办公区内的大书架覆盖了其中一面墙，深色书架上的书籍中偶现红色与黄色书脊，让严肃的知识库瞬间活泼起来。白色办公桌以灵动跳跃的色彩营造了欢快的气氛。黄色隔板呼应黄色坐垫，青色隔板呼应青色座椅靠背，黄与青这两个相近色的组合，丝毫没有突兀感。木色墙壁和天花让空间质朴自然，远处一幅以水蓝色天空和白云为主调的风景画是对空间主题的延伸。从对书本知识的兴趣拓展至对广阔世界的渴望，凸显了“小空间、大梦想”的设计理念。

7. 浪漫

HSB 设计机构：PS Architect

本空间色彩组合：蓝色、灰色、黄色、白色、深蓝色。

蓝、黄、灰三色组合拥有一种天真无邪的浪漫，蓝色布帘好像剧场幕布，令空间华丽感大大升级，并通过深蓝色抱枕，跳跃至边角的天蓝色布艺坐墩，同色系的跳跃转换彰显出色彩的灵活运用。而在中间区域，灰色布艺沙发上的两个黄色抱枕点亮了空间，并与灰色地面上的两张芥末黄色地毯相呼应。白色落地灯进一步提升了空间品质。

8. 柔软

R:254 G:253 B:253

R:205 G:208 B:211

R:157 G:143 B:136

R:210 G:215 B:29

R:194 G:153 B:61

R:109 G:85 B:42

R:52 G:51 B:47

HSB 设计机构：PS Architect

本空间色彩组合：灰色、黄色、白色、木色。

灰色布艺沙发散发的气质是安宁平静的，加上白色灯笼状灯具与不锈钢小桌的陪衬，又添一分时尚感。单只黄色抱枕的加入，起到点睛的作用，并通过芥末黄色地毯和浅木色地板的搭配，使空间渐趋柔软。

9. 食欲

R:247 G:252 B:252

R:239 G:282 B:135

R:220 G:216 B:252

R:219 G:110 B:66

R:135 G:103 B:67

R:90 G:77 B:57

R:14 G:14 B:14

Dynabyte 设计机构：PS Architect

本空间色彩组合：黄色、黑色、白色、咖啡色、橙色。

这个厨房的硬装是中性色调的深咖啡色、灰白色和白色，因此设计师加入了黄色外观的橱柜门，用明朗的色调增强居住者对空间的喜爱和依赖。而橱柜台面则采用彰显品质感的黑色，与长形白色餐桌和座椅形成黑白色对比。一盏透明的黄色吊灯进一步营造了温馨的气氛。在此环境中用餐，无疑是胃口大开的。

10. 温暖

HSB 设计机构：PS Architect

本空间色彩组合：黄色、白色、军绿色。

这是毗邻大会议室的小房间，用于更私密的洽谈。透过玻璃隔门，可看到大会议室的色彩亦是以明朗的黄色和洁净的白色为主，因此设计师通过轻盈的白色窗帘框架起整个空间。地毯是军绿色，唯一的桌子和几张小座椅都统一采用了明黄色，清晰简洁。黄色易于缓和紧张的气氛，其营造的温馨空间也颇能向使用者表示友好。

11. 休闲

Google Dublin Campus 设计机构：Camenzind Evolution

本空间色彩组合：黄色、绿色、白色、蓝色、黑色。

由进门的黄色地板开始，一股轻松休闲的气息就扑面而来，不同层次的绿地毯将各功能区划分开来，独立又随时可交融，便于员工在此游戏、工作或是聊天。犹如UFO造型的吊灯灯罩分为黄色和白色，轻盈跳跃，黄色在此不仅起到点睛的作用，还与绿色地毯相呼应。这个空间与另一区域之间仅以玻璃隔板区分，玻璃板上方刻有黑体中文，白色柜墙上方的玻璃板则刻有白体德文，彰显出企业文化。

12. 暖意

R:252 G:251 B:250

R:[illegible] G:207 B:211

R:235 G:205 B:25

R:221 G:107 B:102

R:128 G:58 B:108

R:50 G:44 B:92

R:57 G:21 B:53

HSB 设计机构：PS Architect

本空间色彩组合：紫色、蓝色、黄色、白色。

白色的高圈椅内是紫色靠垫和深蓝色坐垫，极具气场。窗帘也是神秘优雅的紫色，这一局部的色调基本属于冷色。然而，一盏由数个黄色灯罩组成的吊灯打破了这个局面，将黄色独有的温暖明朗感带入空间，适时地增添了几分暖意。

13. 蝶舞

R 121
G 137
B 157

R 241
G 198
B 28

R 195
G 113
B 114

R 137
G 122
B 104

R 102
G 67
B 36

R 47
G 37
B 31

Red Group Office 设计机构：Red Group Design

本空间色彩组合：黄色、黑色、米白色。

这是电梯入口等待处，是这个企业自己设计的，试图向来宾展示自己的个性。设计师将轻盈灵动的黄色蝴蝶图纹悬挂于黑色墙壁上，让人们在等电梯时不会产生视觉疲乏感，体现了设计师的用心。

14. 轻盈

R 204
G 208
B 214

R 173
G 144
B 123

R 238
G 171
B 128

R 173
G 105
B 101

R 126
G 81
B 48

R 215
G 170
B 57

Red Group Office 设计机构：Red Group Design

本空间色彩组合：黄色、木色、米白色、白色、暗红色、粉红色、橘色。

背景墙上漂浮的装饰在空间内掀起一阵阵涟漪，气流也随之轻盈起来。长形接待桌是空间内唯一的家具。在接待桌另一边嵌入正方体框架，放入与电梯入口墙壁上悬挂的黄色蝴蝶一致的装置，固定的家具也随之轻盈起来，整个空间的气场统一稳定。

15. 律动

R 225
G 136
B 17

R 174
G 152
B 132

R 82
G 41
B 21

W Hotel 设计机构：Concrete Architectural Associates

本空间色彩组合：黄色、黑色、咖啡色、米白色。

夸张的天花板结构令这个空间看上去极具存在感。设计师利用这个特点，在天花板上加入黄色的 LED 灯光，让光线随着建筑线条变化延伸，极具韵律感。底下的黑、白、灰色相间的家具也瞬间显得不那么枯燥乏味了。

16. 舒适

[illegible]

R 153
G 115
B 75

R 69
G 56
B 42

W Hotel 设计机构：Concrete Architectural Associates

本空间色彩组合：白色、咖啡色、浅木色。

咖啡色是黄色的相近色，相比黄色的明朗，咖啡色的气质是温暖、安定、沉稳的。因此在卧室中，常见到咖啡色床品或硬装装饰色。白色床头背景墙与白色抱枕自然连接，再由一个咖啡色抱枕出发，铺设同色调的床被，便轻松地打造了这个舒适安宁的睡眠空间。

五、蓝色

蓝色的意义和使用技巧：

蓝色的意义：纯洁、宁静、宽容、神秘、悲伤、忧郁、智慧、成熟 。

蓝色象征权威、保守、中规中矩与务实。清爽的蓝色调、充满海洋味道的配饰可以让家成为凉爽的海滨小屋。即使不在海边居住，只要带着热爱家与大海的心情，就可以把家的氛围装扮得海味十足，轻松躲开酷暑。 在样板房设计中，如果没有正确掌握蓝色的配色技巧，会给人呆板、无创意、乏趣的印象。

同时，蓝色在不同的文化和不同的领域中也拥有不同的象征意义：

许多国家警察的制服是蓝色的，警车和救护车的灯也是蓝色的，因为蓝色有勇气、冷静、理智、永不言弃之义。基督教中，蓝色是圣母玛利亚的象征。英国贵族血统被称为“蓝血”，皇室和王族女性所穿的深蓝色服装被称为“皇室蓝”。另外，他们的婚礼还有这样的一个风俗，要求每个新娘的嫁妆如下：一些旧的、一些新的、一些借来的、一些蓝色的。这些蓝色象征忠诚。

蓝色令人联想到孤独、沉思、独立和平静，是象征真理与和谐的色彩，常用于冷却、安抚、调整和保护。蓝色亦可使人产生以下联想：交流、发自内心的声音、确定、统一、创造、意识、忧郁、男性的力量、清楚、信任、骄傲、幼稚、冷酷、好学等。

蓝色有降温冷却的作用，合理的运用也可以有效化解人心中的愤怒和仇恨。

在治疗疾病中和催眠中，蓝色也有一定的作用，可以用来镇痛、止血、治疗烫伤等，所以蓝色特别适用于医疗场所、政府机关等严谨有序的场所。

1. 淡雅

HSB 设计机构：PS Architect

本空间色彩组合：蓝色、青色、白色、深咖啡色、灰色。

这个会议室的桌椅统一采用了白色，墙面非常有设计感，通过将不同层次的蓝色、绿色、深咖啡色放入不同大小的方格块背景中，凸显淡雅别致之感。

2. 工整

R:255 G:255 B:255

R:156 G:177 B:176

R:33 G:150 B:164

R:135 G:122 B:86

R:12 G:65 B:131

R:46 G:49 B:95

HSB 设计机构：PS Architect

本空间色彩组合：白色、红色、蓝色、暗军绿色。

这个储物区给人感觉洁净且整齐，白色帘布隔绝了外界，使储物区具有很强的私密性。极暗淡的军绿色地毯是对邻近空间中军绿色地毯的延伸，而透明玻璃台面的储物柜展现了规整有序的一面，蓝色储物筐不仅具有储物功能，还点缀了空间。

3. 活力

R:245 G:244 B:244

R:232 G:48 B:62

R:0 G:109 B:185

R:57 G:41 B:100

R:80 G:58 B:54

Google Dublin Campus 设计机构：Camenzind Evolution

本空间色彩组合：蓝色、紫色、青色、玫红色、白色、咖啡色、黄色、金色。

玫红色、黄色、蓝色、紫色穿插交错的图纹将墙壁点缀得缤纷夺目，就连座椅也是以糖果色的青色与蓝色为主导，在深咖啡色地板和金色半圆吊灯的映衬下显得活力十足。蓝色在此虽不是最具活力的颜色，但却在各个亮色系之间起到了良好的均衡作用。

4. 简约

MTV 设计机构：Danpearlman

本空间色彩组合：灰色、蓝色、米色、白色、深木色。

这个空间的深浅变化是下深上浅，深木色地板强调了空间的体量感，米色地毯将这份深沉转为轻盈，两盏白色长条落地灯犹如两个人在观望，简约的线条配上洁白的色彩，轻盈无比。灰色布艺沙发两侧的外观是蓝色的，在这个简约空间中起到了调和色彩的作用。

5. 节奏

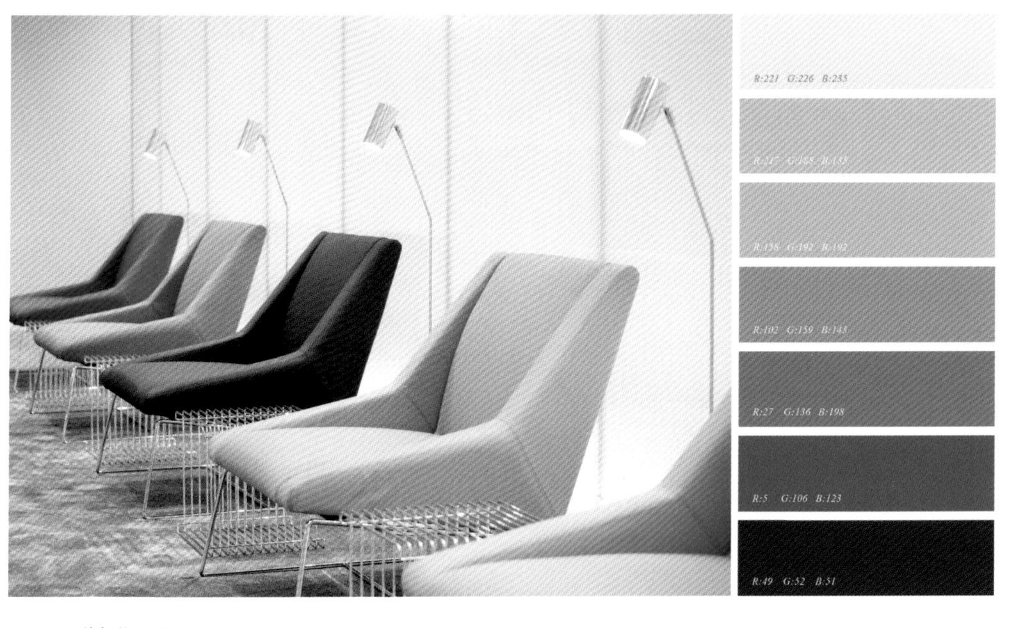

NUAC 设计机构：PS Architect

本空间色彩组合：蒂芙尼蓝色、天蓝色、青葱蓝色、灰黑色、浅灰色、金色。

五张布艺座椅成排排列，以正中的灰黑色座椅为分离点，两边分别是青葱蓝与蒂芙尼蓝、天蓝与蒂芙尼蓝的组合。蓝色被分成不同的层次，好像一首短曲，虽跳跃演奏却始终在一个大音上，节奏感极强。每张座椅后面的金色落地灯和浅灰色地毯为空间注入了几分庄重。

6. 洁净

Dynabyte 设计机构：PS Architect

本空间色彩组合：蒂芙尼蓝色、黑色、深木色、浅灰色、青绿色、浅木色、白色。

黑色台面、浅灰色图纹砖墙、白色壁柜、绿植，上部空间的格局非常普通，色彩搭配也很简约。但在厨房工作台下方，分为橱柜和一小部分空白区，空白区的背景被一些堆积的木材装点，给人粗犷、原生态的视觉印象。设计师采用了蒂芙尼蓝色外观的橱柜，以其清新洁净映衬木材的粗犷，让厨房空间兼具原始感与现代感。

7. 碰撞

HSB 设计机构：PS Architect

本空间色彩组合：蓝色、黄色、深蓝色、白色、浅木色、浅灰色。

这个空间运用了色彩碰撞原则，纯净的蓝色布艺沙发与黄色、深蓝色抱枕相互衬托，增强了视觉冲击力。角落中的黄色座椅与黄色抱枕相呼应，浅灰色地毯则缓冲了那份灵动跳跃，让人回归平静。

8. 惬意

Skype 设计机构：PS Architect

本空间色彩组合：蓝色、黑色、白色、灰色。

这个空间的色彩组合极为统一，所有沙发都采用了纯净的蓝色，使人仿佛置身于一片可以平躺的海洋中，被海水环抱，倍感轻松。浅灰色与深灰色交错的地毯进一步将空间引向沉静，搭配工业风十足的黑色灯罩，白光渐次交错，照亮人的心扉。

9. 清凉

HSB 设计机构：PS Architect

本空间色彩组合：白色、蓝色、浅灰色、木色、粉红色、浅青色。

这是位于建筑高层的小型会议室，可以直接临窗欣赏城市风景，拥有非常开阔的视野。白色桌子、浅灰色布艺座椅和白色窗框，洁净简约。晕染状的蓝色地毯让人联想到蓝天和白云，呼应室外的天空，极其写意。墙壁上用树枝和花朵点缀的情景再次将大自然引入室内。蓝色、白色、灰色、木色的结合，令人倍感清凉。

10. 休闲

Google Dublin Campus 设计机构：Camenzind Evolution

本空间色彩组合：蓝色、绿色、深蓝色、橙色、红色、灰色。

这个办公空间拥有游乐场般的外观，纯蓝色和绿色的非常规造型隔板点缀了天花板，有意无意地将下方区域区别开来，看上去每一区域都是一个独立的岛屿。深蓝色作为主要装饰色，遍布于布艺沙发、小桌子支柱、花瓶、落地灯灯罩图纹中，放松了员工紧张的神经。

11. 运动

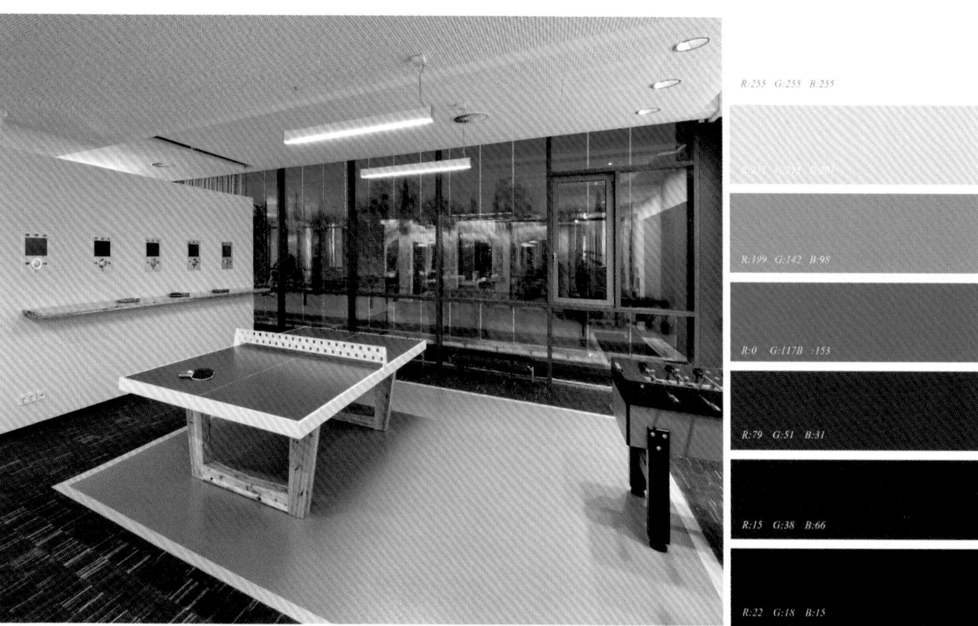

MTV 设计机构：Danpearlman

本空间色彩组合：蓝色、白色、木色、黑色、灰色。

作为一间娱乐室，设计师并没有为它添加普遍的活跃色彩，而是以深木色地板为底，中心是白框灰色块，承接了木材支柱、白框蓝面的乒乓球桌和黑色支柱、深蓝色与浅蓝色交错的桌上足球，这个色彩搭配给出了一个新的运动风格版本，可供参考。

12. 创意

R:250 G:248 B:233

R:252 G:241 B:198

R:230 G:16 B:64

R:177 G:160 B:39

R:4 G:118 B:71

R:28 G:44 B:117

Google Dublin Campus 设计机构：Camenzind Evolution

本空间色彩组合：深蓝色、红色、青色、绿色。

深蓝色比天蓝色更直接、冲击力更强，设计师以深蓝色点缀地毯和墙角，分外统一，视觉鲜明，墙壁上的非常规白色图形也颇具情趣，避免了大面积蓝色导致的单调。一张红色布艺沙发瞬时点亮了空间，红色与深蓝色的气场也恰好契合，相得益彰。

13. 粗犷

R 209 G 196 B 146

R 86 G 71 B 43

R 24 G 68 B 130

R 122 G 115 B 118

Trokia 设计机构：Studio Tilt

本空间色彩组合：蓝色、土黄色、灰色、白色、黑色。

蓝色如何与粗犷联系在一起？想想蓝天，它容纳了白云、树木、山峰、建筑、水流等，但蓝天依然是蓝天，能够变幻自如地适应相关风景。这个空间中，工业风气息浓厚，裸露水管、土黄色砖墙、楼梯都具有粗犷的气质，但楼梯拐角处却摆放了一张拥有灰色靠背和浅木色扶手的沙发，其上方有蓝色抱枕和灰色坐垫，新颖的设计契合了与空间气质，蓝色与灰色的结合相得益彰。同时，在另一个单独隔开的空间内，两张灰色座椅上摆放了两个蓝色抱枕，进一步让蓝色融入这个粗犷的大空间，起到点睛的作用。

14. 细腻

R 117 G 123 B 143

R 8 G 106 B 175

R 11 G 35 B 61

R 168 G 43 B 37

Rica Hotel 设计机构：AS Scenario Interior & Architecture Design

本空间色彩组合：蓝色、灰色、白色、青色、小麦色。

这个卧室的氛围相当平和安宁，床头背景墙上悬挂着一幅长形装饰画，画面内一个穿白色长袍戴白色头巾的孩子凝望着停留在自己手指上的一只黑色鸟儿，神情安静，在夕阳与山河的背景下，显得尤为神圣。因此，设计师以白色床品搭配灰色床架、地毯、窗帘，将这一宁静气息延续下去。最后在明亮的窗台旁边，摆放一张从靠背到坐垫都是蓝色的座椅，让主人在光影中突然清醒，足以体现设计师的匠心独运。

六、绿色

绿色的意义和使用技巧：

绿色是人们经常喜欢使用的色彩，象征自然、环保、健康、好运、年轻、活力、有氧。绿色是大自然的颜色，是一种治疗性的颜色，常用于外科医生的手术室、儿童空间、时尚办公空间。

在中国，绿色是植物的颜色，象征旺盛的生命力；在美国，绿色是美钞背面的颜色，象征金钱与财富；在绝大部分欧美国家中，绿色是吉祥色，象征安全、新鲜；绿色是一种环保颜色，也被广泛应用于广告设计中。

1. 丛林

Google Dublin Campus 设计机构：Camenzind Evolution

本空间色彩组合：绿色、灰绿色、米白色。

这个办公空间好像一片丛林，绿色地毯、绿植、灰绿色布艺沙发、玻璃墙上的绿色圆形图案，一切都被绿色包围。而天花板则用一个个白色圆板装饰，极具视觉冲击力。

2. 多元化

R:189 G:178 B:161

R:122 G:166 B:168

R:251 G:239 B:103

R:205 G:81 B:106

R:122 G:103 B:47

R:28 G:62 B:69

R:45 G:12 B:17

本空间色彩组合：青葱蓝、深绿色、军绿色、黄色、粉红色、深褐色、暗红色、白色、浅木色。

这个空间的装饰特别简单，浅木色地板上摆放一张白色桌子，看上去轻盈简洁。嵌入墙面的壁柜是空间的视觉焦点，青葱蓝色、深绿色、军绿色、黄色、粉红色、深褐色、暗红色、白色、浅木色，壁柜的每一层都被涂上独特的色彩，层层递进，丰富了空间视觉。

Dynabyte 设计机构：PS Architect

3. 互补

R:249 G:252 B:253

R:134 G:109 B:81

R:25 G:94 B:118

R:21 G:91 B:66

本空间色彩组合：蓝色、黄色、蓝绿色、浅木色、白色。

蓝色和黄色是互补色，蓝色布艺沙发面积明显比黄色抱枕大，因此这样搭配能够突出画面感。另一张沙发采用了与两者都相近的蓝绿色，很好地均衡了三者间的色彩关系。在浅木色和白色为主导的硬装空间中，这三种色彩的和谐搭配，大大增强了空间感和视觉冲击力。

Dynabyte 设计机构：PS Architect

4. 梦想

Dynabyte 设计机构：PS Architect

本空间色彩组合：绿色、红色、紫色、白色。

小空间内只摆放了一张白色小圆桌和三张绿色小座椅，与小空间的体积完美契合，显得十分友好。绿色地毯沿袭了座椅的色彩，让空间上下得以承袭，满目的绿色让人仿佛看到了未来、希望、梦想，精神抖擞。白墙上的紫色、红色、绿色花树高低错落，红色和紫色为空间注入了几分浪漫。

5. 清爽

A House for Life 设计机构：Ryntovt Design

本空间色彩组合：灰色、木色、绿色。

灰色窗帘、床单、抱枕和木窗、木地板、木壁柜的组合，营造了平静安宁的睡眠氛围。然而，倘若一整天都待在这样的房间里，心绪永远不会有或高或低的起伏，因此设计师在此以一抹绿色装饰墙壁，让居住者在一觉醒来后一扫疲惫，收获清爽的心情。

6. 舒适

Eneco Headquarter 设计机构：Hofman Dujardin

本空间色彩组合：青色、绿色、木色、灰色、咖啡色、黑色。

设计师以一张绿色地毯铺设地面空间，为空间奠定了清爽舒畅的基调。再摆放两张层次各异的青绿色布艺沙发，铺设层次各异的灰色坐垫，让绿色由深至浅地变化，人的心情也渐渐放松下来。木色桌子和黑色座椅，既营造了友好的洽谈氛围，也与绿色所散发的自然气息相呼应。人们在此安坐，犹如置身草坪，倍感舒适。

7. 新生

Design Office 设计机构：Danpearlman

本空间色彩组合：黑色、灰色、果绿色、白色。

黑、白、灰色是办公空间的常用配色，彰显出理性严谨的态度。这样的配色具有简约时尚的都市气质，但容易千篇一律。在黑色沙发上摆放两个果绿色抱枕，则从细微之处消除了这一担忧，以局部的清新带动了整个空间的气质。同时与毗邻区域的绿植元素相呼应，以小带大，颇为巧妙。

8. 氧气

Skype 设计机构：PS Architect

本空间色彩组合：果绿色、绿色、深绿色、军绿色、浅木色、白色、黑色。

这无疑是一个让人暂时从忙碌疲惫工作中解脱出来的充电角落，墙壁以清新的果绿色打底，覆盖深绿色与军绿色交错的繁盛枝叶。舒适的绿色座椅、果绿色单腿桌脚，都是绿色的延伸，犹如置身于一棵大树下，新鲜空气源源不断地袭来，舒适感倍增。白色小圆桌和黑色落地灯支柱起到点缀的作用。

9. 活力

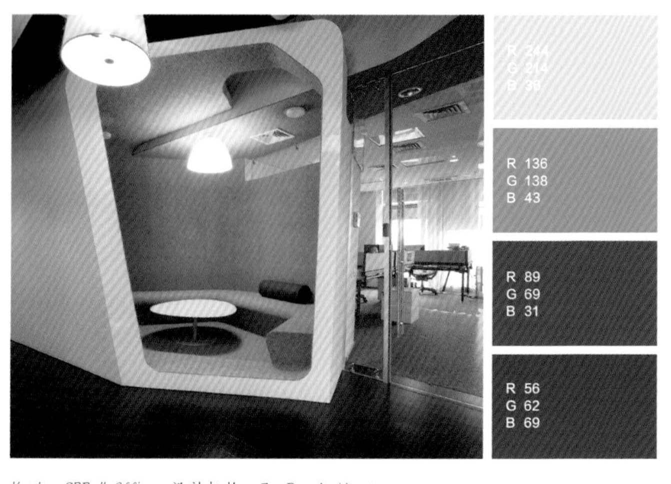

Yandex SPB II Office 设计机构：Za Bor Architects

本空间色彩组合：白色、青绿色、黄色、深灰色。

这个以白色外框围合的空间与周边的办公区域略显不同。其内部是一片青绿色，从天花板、墙壁到座位、地毯都是一致的青绿色，一盏明亮的吊灯、一张小木桌、一个深灰色抱枕，剩下的就是可供人们自由伸展四肢的宽大座位区。青绿色在此营造了一个天然氧吧，让人从百忙中解脱出来，在此充电。

10. 工整

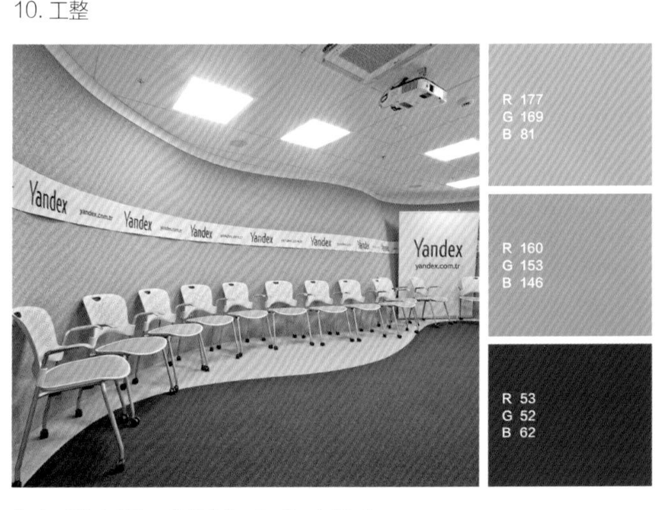

Yandex SPB II Office 设计机构：Za Bor Architects

本空间色彩组合：青色、白色、黑色、红色。

这个会议室布局工整，印有红黑色 Logo 的白色横幅在墙上伸展开来，与拐角处的牌子相呼应。白色椅子顺着弯曲的墙面线条顺次陈列。青色墙纸覆盖了墙壁和地板的局部区域，仿佛从墙上蜿蜒而下的青色流水，与灰色地毯无缝衔接。

11. 自然

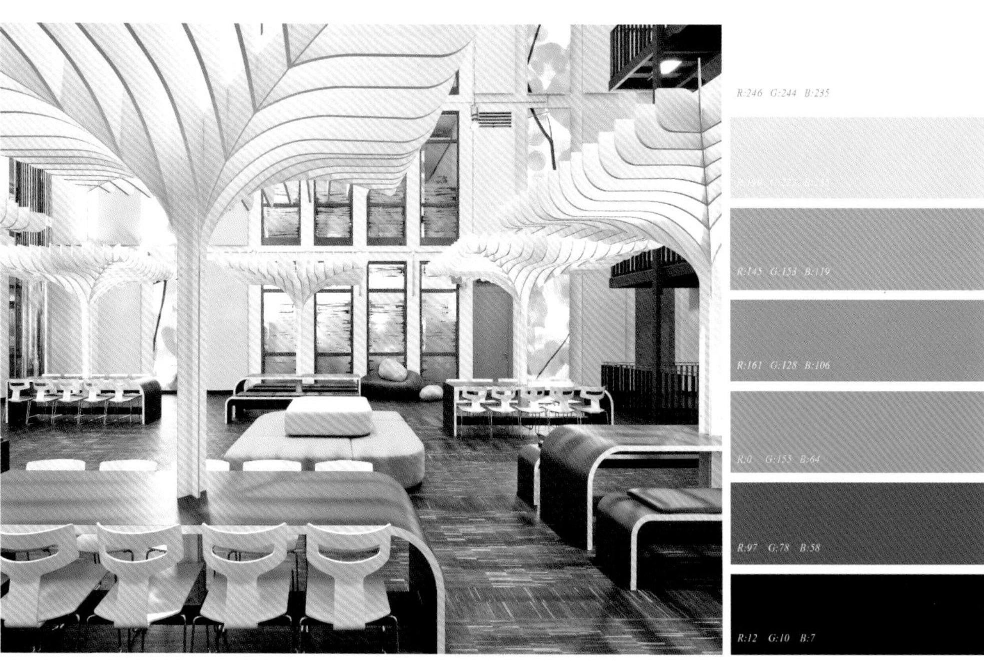

MTV　设计机构：Danpearlman

本空间色彩组合：白色、青绿色、深木色、灰色、黑色。

这个空间被深木色和白色被覆盖且造型独特，在足够引人注目的同时，也让人惊奇赞叹。但设计师并不满足于此，又在空间正中加入了一张青绿色布艺沙发，上方有一张正方形小坐垫，可以坐也可以当作一个台面。犹如万花丛中一抹绿，这个布艺沙发瞬时点亮了空间，并延伸出了墙面的绿色色块和草叶图纹，无疑为空间注入了几分自然淳朴。

12. 春天

R 176
G 167
B 151

R 221
G 218
B 124

R 93
G 127
B 51

R 132
G 44
B 32

R 17
G 61
B 95

《重庆威仕莱喜百年酒店》　设计师：赖旭东

本空间色彩组合：绿色、蓝色、橘色、白色。

画面上一橘一白两个精灵，如同亚当和夏娃亲近地依偎在一起，面带喜悦之色，共同握着一个绿色的苹果。一蓝一白的头发使画面看上去神奇、有韵味，背后的花朵也预示着春天来了。这是这个酒店绿色标准间接待台的装饰画，在它面前是一张长形绿色皮革桌和一盏巨大的绿色落地灯，将那个苹果的绿色延伸至画外，也将画内的春天带到画外。

13. 渐变

Yandex SPB II Office 设计机构：Za Bor Architects

本空间色彩组合：黑色、青色、绿色、橙色。

这个演讲厅以普通的黑色靠背椅作为观众席座椅。青色坐垫与墙壁上渐变的青色格纹相呼应，极具动态的韵律感。青色格纹由青至绿，再演变成温暖的橙色，令整个演讲厅都处于欢快的气氛中。

14. 灵感

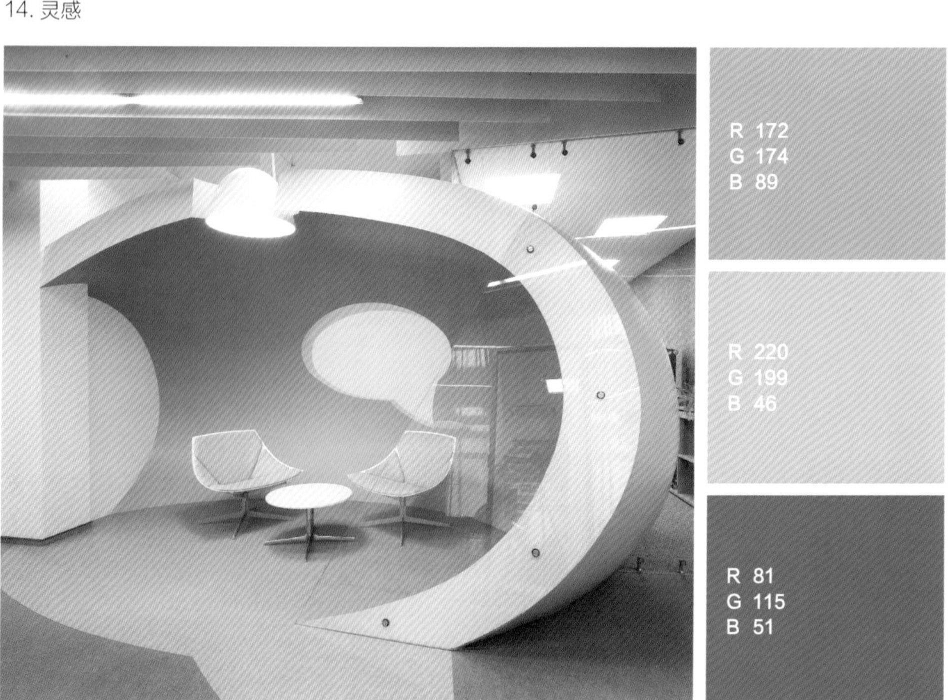

Yandex SPB II Office 设计机构：Za Bor Architects

本空间色彩组合：青色、绿色、黄色、白色、灰色。

这个空间如同一个空间站，独立存在于灰色走廊区域，绿色外皮与白色边框组成的半圆形将内部空间恰到好处地建构起来。内部空间的青色地毯与顶部相呼应。交谈区域的上方，一个水滴状的青黄色图纹点亮了空间，仿佛是灵机一动出现的奇思妙想，为空间注入了梦幻色彩。

15. 茁壮

R [illegible] G [illegible] B [illegible]
R 161 G 126 B 85
R 55 G 54 B 56
R 45 G 84 B 43

Red Group Office 设计机构：Red Group Design

本空间色彩组合：白色、灰色、绿色、浅蓝色。

这个洽谈区的布局极其简洁，灰色地毯与白色桌椅是标配，重点在于浅蓝色墙纸上的大叶子图纹，绿叶从夹角处穿过，分别占据了两面墙的局部，呈现出非常好的生长态势，为空间注入了几分能量，令人精神抖擞。

16. 亲和

R 237 G 235 B 231
R 78 G 31 B 45
R 88 G 121 B 51

Yandex SPB II Office 设计机构：Za Bor Architects

本空间色彩组合：青绿色、紫色、白色。

这是一个小会议室，一张非常规造型的白色圆桌放置于中央，周边围绕着白色外观与青绿色坐垫相结合的小型座椅，它们相互之间挨得亲近，没有大会议室的疏离感，而青绿色更是加强了彼此之间的心理亲近度。

七、紫色

紫色的意义和使用技巧：

紫色象征女性化，代表高贵与奢华、优雅与魅力、神秘与庄重、神圣与浪漫，另一方面又颇有孤独之意。

紫色的意义包括：优雅、高贵、魅力、自傲、神秘、印象深刻、压迫感、浪漫。紫色是人类可见光中波长最短的光，由温暖的红色和冷静的蓝色混合而成，是极佳的刺激色。紫色是一个神秘的色彩，常与幸运和财富、贵族和华贵相关联。

紫色在不同的国度也拥有不同的含义，在我国传统文化里，紫色是尊贵的颜色，如北京故宫又称为“紫禁城”，亦有所谓“紫气东来”之说。在西方，紫色代表尊贵，是贵族喜爱的色彩。这是因为，古罗马帝国蒂尔人常用的紫色染料仅供贵族享用，而染成衣物则近似绯红色，亦为当时的君主所推崇。

紫色似乎是色环上最消极的色彩。尽管它不像蓝色那样冷，但红色的渗入使它显得复杂矛盾。它处于冷暖之间游离不定的状态，加上低明度的性质，使人在心理上引起消极感。

紫色是神秘且比较难以驾驭的色彩。与它相近的是蓝色和红色，一般浅色搭配纯白色、米黄色、象牙白色。深紫色最好搭配黑色、藏青色会显得比较稳重，有精干感。土黄色、灰色等含糊的色彩需谨慎搭配，否则不仅难以彰显高雅风，还会显得不伦不类。

1. 干练

NUAC 设计机构：PS Architect

本空间色彩组合：纯蓝色、紫色、灰色、白色。

纯蓝色地毯如同一片海洋，温柔地撑起了三张轻浅的灰白色座椅。上方垂吊着方向各异的三只白色纸飞机，白色窗帘隔绝了外界的喧嚣，整个画面悠闲宁静、柔软和谐。设计师加入了两个紫色抱枕，空间气氛瞬间有了微妙的变化，紫色代表神秘、浪漫、优雅、尊贵，其成熟度远远高于周边色彩，这个小局部带出了整个空间的简约干练。

2. 高端

R:252 G:252 B:251

R:190 G:138 B:159

R:230 G:27 B:93

R:34 G:49 B:117

R:116 G:65 B:34

R:55 G:33 B:21

R:34 G:34 B:36

Google Dublin Campus 设计机构：Camenzind Evolution

本空间色彩组合：深紫色、浅紫色、白色、深棕色。

这个办公空间铺设了极深的棕色地毯，浓厚的色调将空间气质拉升至非常成熟稳重的程度。设计师在墙面和落地灯中加入了或深或浅的紫色，与同是深色调的棕色相呼应，彰显出这个区域的高端大气。

3. 高雅

R:255 G:253 B:249

R:157 G:140 B:181

R:24 G:118 B:168

R:16 G:76 B:63

HSB 设计机构：PS Architect

本空间色彩组合：蓝色、绿色、黄色、紫色、白色、浅木色。

一张白色长椅、一个白色小方桌、两张浅木色座椅构建了一个小接待区。设计师试图营造愉悦友好又不失品质感的空间氛围，空间中悬挂着由蓝色、绿色、黄色、紫色、白色、浅木色色块组成的抽象装饰画，画面缤纷多彩、繁复绮丽，其中，蓝、绿、黄三色是相近色，奠定了和谐的视觉基调。然而，倘若仅是这三种色调，这幅装饰画散发出来的又是另一种气息——活泼明朗，但缺乏高雅。设计师恰当地加入了高贵典雅的紫色块，扭转了这一局面，使画面具有与企业文化高度契合的独特气质。

4. 果断

R:246G:243B:242
R:136G:127B:126
R:114G:121B:154
R:44G:111B:109
R:107G:33B:137
R:18G:55B:82
R:53G:47B:48

Skype 设计机构：PS Architect

本空间色彩组合：深紫色、深灰色、白色、黑色、蓝绿色、蓝色。

这个会议室采用的色调都较为纯粹，白色会议桌、墙壁、屏幕，连座椅椅脚都是白色的。而地毯则采用了深沉的灰色，营造出鲜明的视觉效果。白墙上布满由黑色、蓝绿色、蓝色、灰色点缀的英文字母按键图纹，看似无序排列，但深沉的色彩和字体都极具秩序感。在这样的背景下，深紫色座椅与周边陈设相结合，强化了的果断严谨的空间气质。

5. 乐趣

R:251G: 248 B:247
R:251 G:239 B:214
R:131 G:185 B:207
R:0 G:178 B:192

R:216 G:70 B:127
R:103 G:70 B:58
R:129 G:39 B:81

Google Dublin Campus 设计机构：Camenzind Evolution

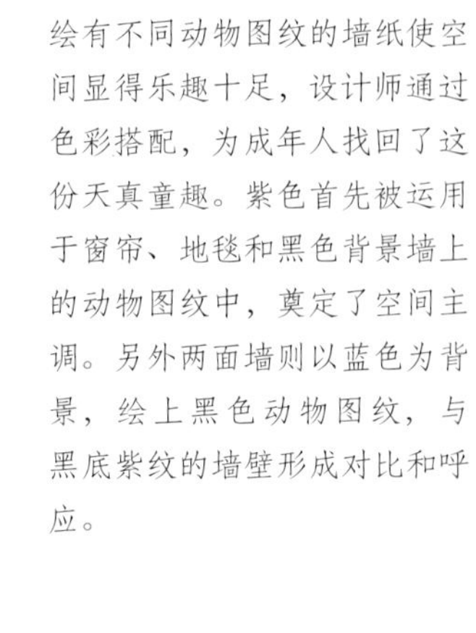

本空间色彩组合：紫色、白色、青色、黑色、红色、蓝色。

绘有不同动物图纹的墙纸使空间显得乐趣十足，设计师通过色彩搭配，为成年人找回了这份天真童趣。紫色首先被运用于窗帘、地毯和黑色背景墙上的动物图纹中，奠定了空间主调。另外两面墙则以蓝色为背景，绘上黑色动物图纹，与黑底紫纹的墙壁形成对比和呼应。

6. 融洽

R:247 G:245 B:245

R:221 G:193 B:166

R:176 G:153 B:74

R:67 G:100 B:56

R:23 G:125 B:169

R:220 G:36 B:98

R:35 G:58 B:74

NUAC 设计机构：PS Architect

本空间色彩组合：紫色、灰色、蓝色、青色、木色、白色。

灰色布艺沙发搭配粉紫色抱枕，低调且优雅；蓝色布艺沙发搭配深紫色抱枕，明艳且亲和。两边家具都没有采用完全相同的色调，却丝毫不显突兀。绿色草坪地毯和原木矮桌为空间注入了几分自然淳朴。

7. 舒服

R:255G:255B:255

R:246G:199B:168

R:165G:153B:201

R:215G:154B:105

R:255G:99B:56

R:106G:100B:91

R:46G:34B:70

Skype 设计机构：PS Architect

本空间色彩组合：紫色、橘色、白色、灰色、木色、果绿色。

这个空间的色彩组合简洁明了，因此带给人的感受也是舒适的。白墙白桌白椅、原木色地板与壁灯灯罩、灰色装饰画三者奠定了宁静的空间主调。而深紫色抱枕及其上面的两个橘色圆纽扣，以及果绿色单腿桌脚，其本身的深色调，带给人强烈的视觉愉悦感。

八、三原色

三原色的意义和使用技巧：

所谓的原色是不能被调配出来的。三原色分为两类：一类是色光原色，称为“加色法三原色”；另一类为颜料（染料）三原色，又称为“减色法三原色”。三种原色颜料的混合，在理论上即为黑色，是一种纯度极差的黑浊色。

使用三原色要区分场合，在不同的场合中，三原色的呈现是不同的：

加色法原理，用于电视机、显示器等主动发光的物体，所用到的叫“三原色光”，具体指红色、绿色、蓝色三种。

减色法原理，用于印刷、油漆、绘画、彩色打印等。

一般在设计中较少同时运用三原色，因为这三种色彩基本上不能与其他色彩进行搭配，也就是不能调和。如果运用三原色，要说明的一点就是，这个空间的设计理念应该非常单纯，其所表达的空间内涵并非复杂深奥的，而是界限分明的。在室内设计中，三原色针对的多为年轻群体，如儿童空间、时尚办公空间等。

1. 迸发

R 244
G 201
B 98

R 202
G 110
B 125

R 49
G 28
B 61

R 18
G 30
B 60

R 166
G 34
B 36

R 67
G 78
B 37

CitizenM Bankside 设计机构：Concrete Architectural Associates

本空间色彩组合：木色、红褐色、黄色、绿色、红色、橙色、白色、紫色、蓝色、黑色。

这是酒店区域内的餐厅，各种色彩都在此集合。除了木色地板和桌子，其他任何物品都没有统一的色彩，而是选择了黄绿红橙色点缀的吊灯、紫蓝黑红白色交错的墙纸图纹。黄绿红三原色的组合让吊灯看起来明朗活泼，蓝黑紫三原色的组合让墙纸色彩斑斓。这归根于任何一个局部色彩都能从中找到三原色组合，从而让色彩多而不乱。

2. 蓬勃向上

R 188 G 162 B 28
R 184 G 98 B 32
R 163 G 44 B 36
R 113 G 85 B 112
R 111 G 121 B 48
R 59 G 57 B 54

Yandex SPB II Office 设计机构：Za Bor Architects

本空间色彩组合：黄色、绿色、紫色、灰色、橙色、红色、黑色。

这个办公空间的前台区域让人一进门就感觉到了公司的活力。设计师并没有规定一个主调来统领空间，而是让每种色彩都独立地统领一个局域：黄色接待桌、灰色地毯、橙色Y字母图纹、紫色色块、绿色大门、红色空间隔断门、红色Y字体、黑色企业字体。这些色彩或可组成黄绿红、橙黑紫三原色，或可各自独立，正是色彩的无限自由令空间散发出蓬勃向上的气息。

第三章

指尖上的魔法
——软装秒摆

第三章 指尖上的魔法——软装秒摆

软装，即空间内可移动的陈设物和所有关乎色彩和情感表达的装饰物。

以上是中装美艺教育学院的教育会所，根据不同的需求和主题要求所进行的配色和配饰组合，前后的表现效果截然不同，前者为江南水乡式的庭院，后者为颇具皇族气魄的园景。

主题为“雀灵”的店铺陈设

以孔雀羽毛的经典蓝色为卖场摆场的主色，搭配高贵的紫色系将军罐，使摆场形成色彩和主题的完美结合。这种摆场方式中的主要产品——旗袍，变成了一件件无与伦比的高贵艺术品。软装摆场中的色彩可以从经典元素中选取和提炼，让每种色彩都有出处和落点。

第一节　软装秒摆基础技巧

软装秒摆是软装教学中一个非常重要的课程，这种摆场方式是指摆场者在完全没有任何准备的前提下，根据现场的软装产品即兴组合且不允许外部采购或者借用产品的摆场方式。软装秒摆要求摆场者具有非常敏锐的主题构建能力、色彩协调能力、空间把控能力以及故事协调能力，这种手法由中装美艺吴艳老师和严建中老师独家研发推出，他们认为没有一样艺术陈列品是不美好的，关键在于是否出现在了其应该出现的位置。合理运用色彩再造、主题完善、故事植入、造型构建和材质整合等方法，可以快速提升或美化整个空间的展示效果。

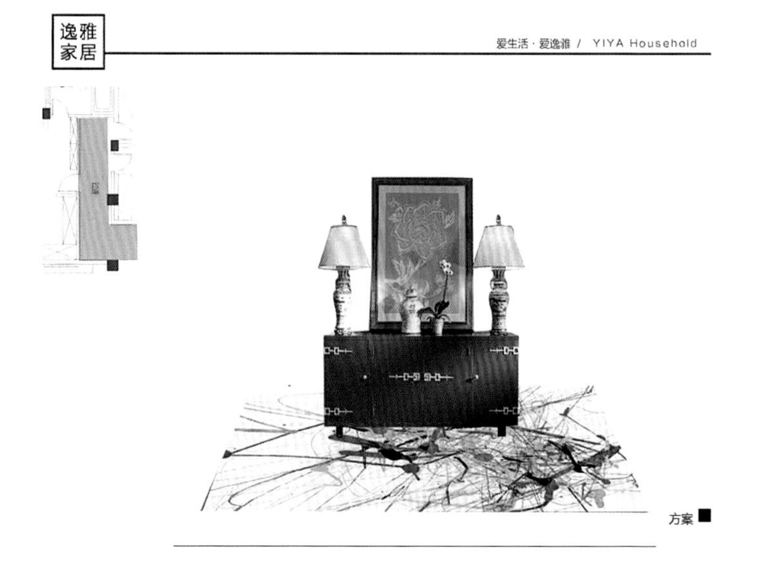

摆场设计需要有丰富的色彩知识和扎实的平面设计功底，因为虽然每次的摆场创作都是立体的，但最后检验作品效果时一定是平面的。本案是中装美艺优秀学员於笑妮的毕业设计作品初稿，位于玄关的空间装饰物包括红色玄关柜、青花台灯、灰白色画作和抽象地毯。从色彩构成上来看，画作与地面的色彩有一定关系，但从体量和视觉美观上来看，画面则过于平淡。

进行实景摆场时，应充分考虑画面最后呈现的二维效果，所以拍照是软装摆场的最好检查方式。这个案例中，学员在经过导师指导后增加了绿植和装饰花几，花几上的青花瓶将空间拉伸后与地面色彩形成关联；背景板的英文报纸装饰让地面与墙面形成交叉，这样看起来，地面线条不再显得过于紊乱；黄色绣墩取色于地毯中那一抹苹果黄色，空间的色彩营造其实饱含社会关系的缩影。

一、摆场物品选择方法

软装的摆场需要具备艺术、温馨、时尚、典雅、人文思想等各种形态的家居布置或收藏，借助大自然和各种艺术创作的图像语言，传递温馨的信息及祝福，满足人们对人际关系及生活品位的追求。选择摆场物品，可以参考以下方法。

1. 望

望，即认真仔细地观察现有场景，了解现场陈设物的体量、造型、材质等实际情况，尤其要重视已有的色彩体系，进而分析场景中的每一处搭配是否可取，明确场景的优缺点是改造的关键。

进行软装摆场首先要确信，任何软装产品都是美丽、有价值的，要有一双善于发现亮点的眼睛。画作的灰棕色背景下唯有船篷是绿色的，这就是亮点，陈设物均围绕此展开，如此摆设后，这个空间是否春意浓浓？

2. 问

问，即询问业主，哪些物件是不能改变的，哪些是可以移动更换的，哪些是需要改造的，这些问题都要有全盘的考量，以最小的改动产生最大的变化，达到最佳的陈列效果。

这个空间中的沙发为宝蓝色麂皮绒镶嵌土黄色硬边设计，尽显雍容大方，能够为其搭配的靠垫、搭巾的色彩必然与这两种色彩相关，因此土黄色搭巾使二者的色彩达到平衡，以富于变化的蓝色靠垫作为点缀，靠垫比主沙发的蓝色明显低了一个色度，这种色彩交互的方式在软装陈设中是较为常用的。

3. 切

切，即面对已有陈设物和可用陈设物，首先要静心为摆场作品设计一个唯美的故事情节。设计时，主题要探索大自然、追求真善美，契合环保理念与万物皆取之于大自然、与大自然和谐相处的共识。

摆场初稿　《下午么么茶》

摆场终稿　《下午么么茶》

《下午么么茶》初稿，是本书作者的学生第一次参加设计实践时创建的一个场景。从这个场景中很难找到轻松自然的感觉，因为从主题色彩这一步开始就没有考虑周全。

导师指点：

从画作中可以得出几个信息：

1）画作中的色彩有绿色、蓝色、黄色、橘色和深咖啡色；

2）咖啡色的三角形；

3）现代城市背景。

在创建场景的过程中，需要注意色块的造型，画作中的深色系应按第一顺位向下延续。经过分析，增加了咖啡色靠垫的数量，并与绿色靠垫相叠加、搭配，形成若干个与画作相呼应的三角造型，同时咖啡色作为主要色彩也向下延续，于是有了《下午么么茶》的终稿。

空间软装创作从根本上说就是色彩的配比，要采取哪些步骤才能创建出一个非常漂亮的场景呢？

色彩的配比是确定软装风格之后一项重要的设计内容。色彩效果取决于不同色彩之间的相互作用，同一色彩在不同的背景中亦有迥然不同的效果，所以说，“只有不恰当的配色，没有不可用的色彩”。巧妙的色彩搭配有助于营造美丽的环境，这得益于色彩所特有的敏感性和依存性，因此，如何处理好色彩之间的协调关系，是配色的关键问题，色彩决定了室内整体效果的优劣。

二、软装秒摆步骤

设计主题对最终设计效果的呈现具有深远的影响，但主题的来源离不开创作灵感，没有灵感的设计就如同没有灵魂的人。所以设计的第一步就是要找到设计的灵感来源，这是任何设计活动的源头，也是作品的灵魂所在，软装秒摆也是从这一步开始的。下面以茶香丽舍民宿改造为例进行分析。

改造前的茶香丽舍民宿

杭州茶香丽舍民宿在经历 4 年的光景后渐渐陈旧，业主想要对大堂部分进行改造，加以软装修饰，使这里变成舒适的休息、等候空间。40 平方米的空间，只有 1 万元的预算，顶棚、地面、家具、灯具都要焕然一新，怎样才能做到呢？

1. 寻找灵感

从现有的陈设物中寻找思路，现场可以找到一些“正能量”灵感源，当这个故事情节具有灵感来源后，作品才能从心理和生理上满足人们的审美需求。

业主希望打造一个泰式风格的休闲空间，要有东南亚的热情和闲适，设计师发现几乎所有的风格营造都可以从发源地的皇家、贵族、宗教建筑中找到一定的元素。因此从王室建筑和宗教信仰入手寻找灵感，是一个非常好的思路。当然，从大自然中寻找灵感也是不错的选择。所幸，泰国是一个将民族传统、宗教信仰、大自然保护结合得非常好的国家。

改造茶香丽舍，设计师的眼光转向了泰国的皇家建筑。

2. 构思软装主题色彩

找到合适的灵感后，在灵感来源中确定色彩的种类和比例就成了关键。设计师从泰国皇家建筑的瓦片中找到了绿、红两种色彩，还发现了泰国人对金黄色的偏爱。接下来，设计师并不急于去寻找产品和进行布置，而是要为这个即将诞生的方案设置色彩配比，使之更契合方案的故事主题和情节。

设计师将象征生命的绿色作为主要背景，将华贵的黄色作为次要背景色，将热情似火的红色作为明亮的点缀色，这样整个空间将彰显出充满异域风情的热烈、高贵和激情，就像泰国人民一样热情奔放。

3. 选择合适的产品

在灵感和色彩都确定了之后，就要按照构思和计划寻找必要的软装饰品，这个时候一定不能心浮气躁，不可以见什么都想要，要有目的的去寻找，仔细观察现场主要表现物的色彩、造型、意境、材质等，往往符合场景的作品就在那里等着你，就看你有没有发现美的眼光了。

本案中，首先设计师选择了红、黄、绿色的布料，将布料做成窗帘，配上金色团纹帘头，围满三面墙，但面向花园的部分落地玻璃窗未加任何修饰，因为户外的大自然美景是不容辜负的。其次，设计师找来红色佛手提灯和橘色羊皮风灯，这些都是比较有代表性的泰国装饰物。再次，以藤蔓、线形空气凤梨和粉色流苏、树根摆件营造了一片唯美的微森林。最后，用特殊布料制作的靠垫和桌旗将空间内的所有色彩进行汇总，使其一一呈现。

4. 拍照验证再验证

在摆场的过程中，往往会有一种“人在此山中”的感觉，这是因为刚开始摆场时，设计师对很多色彩的把握还不是很确定，这时采用拍照的方式把场景由三维改成二维，往往可以验证摆场的效果并发现问题。如下图所示，经过对比发现，摆场后，芭蕉椅和藤制沙发互换了位置，空间中心向内聚拢了，空间边线向外拉伸了，大大拓展了空间视觉。

摆场前

摆场后

三、摆场搭配法则

1. 相近造型搭配法

软装产品造型各异，色彩丰富多变。家居空间“形与色”的完美搭配，更能体现设计师的巧思。要让陈设物在空间中起到画龙点睛的作用，首先要进行形状上的搭配，“相近造型搭配法”是陈设设计的基础法则。当然，设计师一定要注重整合相同色彩的造型，利用家具、灯具、饰品、装饰画和花艺之间的相近造型和色彩构造，营造出极具美学价值的和谐空间。

摆场前

摆场前设计师发现，三个异域风格的装饰花罐在色彩和造型上虽与画框相吻合，但并不符合这幅主画中要重点表现的“黑色山峦”造型。在这个场景中，较为引人注目的是一幅新古典主义中式装饰画，其由纹理自然的木刨花组成，尽显自然的山峦起伏之势，营造了“横看成岭侧成峰，远近高低各不同”的意境。

摆场后

摆场后，用背景画展开主题是最简单的做法，给场景起名为“迷雾仙踪”后，设计师便可以进行整体的配饰和配色操作，虽然新古典主义欧式案几与装饰画并不是同一种风格体系，但并不影响同色系的搭配效果。设计师采用富有禅意的树根摆件，运用“相近造型搭配法”，让画面看起来更加具有立面效果，而一高一低的配置方式，也让画面保持平衡并具有韵律感。

2. 互补造型搭配法

很多时候，软装设计中陈列物的造型和色彩并不一致，合理搭配陈设物的主要纹路、线条及色彩，使整体设计形成巧妙呼应，实现陈设物之间的相互融合，称为“互补造型搭配法”。这种搭配方法能够让陈设物巧妙地融入家居空间，彰显出业主的品位与风格。

摆场前

摆场前的空间没有主题描述，家具和陈设物的语言表达力度不够。壁炉上方墙壁上悬挂的深咖啡色不规则菱形壁挂，造型棱角分明、锐气十足，色调深沉稳重，为空间注入了几分力量，但家具的体量相对壁炉和壁挂来说稍显单薄。

摆场后

摆场后的空间以白色壁炉为背景，洋溢着温馨美好、其乐融融的家庭气息。壁炉、藤编圆球桌台、地板、墙壁都采用了同一色系的白，地面采用了白中带咖的长条块拼接花纹，为下部空间营造了纵深感。设计师运用“互补造型搭配法”，使白色与深咖啡色互补，使不规则菱形壁挂与圆球形坐凳互补，圆球藤编坐凳的材质和纹理均衡了深沉与轻柔、尖锐与圆满之间的关系。同时，右侧的黑白色格子沙发与重色系地毯，左侧的米色沙发与浅色系地毯，均是“互补造型搭配法”的产物，有效地平衡了空间视觉。

3. 同色系搭配法

在空间配置中，同色系做搭配是最安全也是接受度最高的搭配方式。同色系中的深浅变化及其呈现的空间景深与层次，让配件与环境在视觉上融为一体，尽显和谐一致的融合之美。当然，同色系的配比也是很重要的，一样需要遵守配色法则。

摆场前

摆场时需要让空间色彩进行延续和融合，摆场前以米色为主调的卧室虽然富有优雅温馨的气息，但这个场景采用的米色、浅紫色、浅蓝色和浅咖色从故事构建和色彩系统性上来说是没有依据的，床上用品虽与窗纱同色系，但与床头和主窗帘形成了色彩断层，整个场景色彩未形成融合氛围。

摆场初稿

学生第一次改造空间时，移除了背景中特别突兀的画作，以此达到色彩的纯度配色，但恰恰是这种方式让空间色彩重点不再明显，使整个空间变得平庸。

摆场终稿

罗蓝色床单与白色衣柜在纵向上使色彩得以延续，浅紫色窗帘作为空间背景，烘托了浪漫优雅的空间气质。弧度造型的欧式帘头与床靠、衣柜顶部造型相呼应。色彩上，床罩、靠垫、床搭、床尾凳、化妆凳，亦采用相同的浅紫色一贯而下。如此一来，紫色不再显得突兀和空落，而是很好地完成了空间色彩整合。化妆台上的油画背景依旧延续浅紫色，如此用心的线形色彩让人感觉畅快淋漓。浅咖色床靠与墙纸延伸至深咖色地毯，更让床成为整个场景的中心点。空间氛围非常利于安稳的睡眠，运用“同色系搭配法”营造的空间往往具有内敛稳定的视觉效果。

4. 邻近色搭配法

以色相环上相邻的两个色相搭配，带给人的感受会较同色系的搭配深刻许多，如同暖色系带给人温暖热情的感受，冷色系让人感觉冷静与沉淀，邻近色系的搭配让空间呈现出多元且协调的视觉层次。

摆场前

摆场前，原场景中放置的是一艘帆船摆设，白帆造型和山峦造型太过雷同而容易造成视觉疲劳，而且帆船也遮挡了较多的画面，整个画面比较零散。

摆场后

在后期的摆场中，设计师去除了帆船摆设，以首饰盒、花器取而代之，小巧的物件错落有致，与画品的大图景构成颇有风趣的局面：白色花瓶插上白绿相间的花艺，优美的枝条蜿蜒垂落，增添了视觉柔和感。绿色花艺与祖母绿色首饰盒彼此呼应，宝蓝色与祖母绿色皆为典雅高贵的色彩，画品的风格情趣亦是古朴风雅，蓝色和绿色属于邻近色，相近的品位搭配起来也别有一番风味。宝蓝色首饰盒内点缀了琉璃蓝色蝴蝶，配以古旧的铜色蝴蝶框架，进一步提升了空间气质。祖母绿色首饰盒上零星点缀的浅青色首饰恰到好处地为之增添了轻盈玲珑感。

5. 互补色搭配法

使用色差最大的两个对比色相进行的色彩搭配，可凸显物件的特殊性，让人印象深刻，也为家居空间增添了丰富的色彩。饱和丰满的色彩让单调的空间变得活泼灵动。值得注意的是，“互补色搭配法”必须在同纬度的不同色相中进行选择。

摆场前

摆场前的画面，由于店铺陈列的缘故，所有物品显得过于臃肿，但店铺陈列恰恰是需要精心设计的，这里的画品、家具及其他饰品的陈列可能只是为了堆满空间。设计师可以对这个空间进行效果鲜明的布置。

摆场后

设计师采用相同风格的沙发和灯具，运用“互补色搭配法”，将客厅调整为以果绿色和米白色为主调的空间，配以同一纬度的绛红色与绿色，形成互补搭配。画作中主靠垫的果绿色象征春意盎然，给人如沐春风之感，在柔和的米白色中融入了清新淳朴的气息。不难发现，光是画品内容图景的煽染就集合了橙、绿、蓝、粉红、米白等色彩，它们融为抽象的色相，在画面中晕染开来，极富艺术魅力与浪漫情调。为了使画作中的色彩得以延续，设计师以两个果绿色抱枕作为背景中心，配以倾斜摆放的红色小抱枕和橙色、果绿色、米白色条纹相间的抱枕，将墙面色彩非常自然地延伸至下部沙发，形态灵动、色彩跳跃。空间中的各种元素在跳跃的色彩搭配中找到了各自的亮点和位置。

6. 三原色搭配法

进行软装配色时，如果遇到两种反差非常大的色彩，运用“三原色搭配法”可以起到非常好的搭配效果。原色色盘上延伸最长的几段表示三种原色——红色、黄色、蓝色，它们之所以称为“三原色”，是因为加上白色颜料后，其可以由各种不同的色彩按不同的比例混合而成。

例如：红色与黄色按 1:1 的比例混合，构成砖红色；红色与黄色按 1:3 的比例混合，构成橙色；红色与蓝色按 1:1 比例混合，构成紫色；黄色和蓝色按 1：1 比例混合，构成绿色；红色、黄色和蓝色全部混合，构成黑色；黄色和绿色混合，构成深绿色或黄绿色。

摆场前

摆场讲述的是一个森林的故事，有树林的画品、猫头鹰摆件、红色翅膀摆件和玫红色蝴蝶兰，台灯可以想象为森林里的路灯。设计师选用的装饰物的色彩均出自画作，按照陈设布局的规则理应符合要求，但是为何整幅画面的色彩布局显得如此杂乱，色彩搭配也缺乏逻辑性呢？究其原因，是颠倒了选用的点缀色与装饰画之间的主次关系，也就是说，整个画面的主色应该是金色和红色，画面中的蓝色、绿色、红色、玫红色均是点缀色而已，所以配色的主次颠倒了。

摆场后

摆场后，最为主要的改变是为场景更换了绿色系的背景，画作中的点缀色在这个背景中形成格外轻松有力的视觉效果，设计师将画作中的红色、黄色、蓝色、绿色转化为明黄色的佛祖头像、红色和绿色的狮子、蓝绿色的台灯，使四种色调都显得明亮且游刃有余。尤其是两盏台灯的蓝绿色将所有色彩进行了调和，既承托了画品内容，又调和了与明绿色之间的关系。除此之外，设计师在桌底摆放了一高一低两个青灰色装饰罐，这个陈设点非常重要，让色彩既有出处又有落点，极具画龙点睛之妙。

7. 点缀色搭配法

点缀色搭配法，是指在大面积同一色的系背景中加入与该色系不同的色彩，在此基础上，放大细节和局部点，既点缀了主色调，又凸显了自身的存在。这种搭配方法一般采用主色系的互补色，比主色调高一到两个色度。

摆场初稿

学生初次摆场时，以玫红色和蝴蝶蓝色作为点缀色，配以祖母绿色桌台和浅青色画品。这个布置有两个问题：（1）玫红色与祖母绿色并不能打造出符合古典主义的“雅”，反而略显俗气；（2）仅在桌台置入一种点缀色，且与其他色彩缺少呼应，看上去颇为突兀。

摆场终稿

在老师的指导下，学生重点分析了人形首饰架的色彩构成，从人形首饰架的一点点橘色开始引色，以橘色作为点缀色，使主要色彩顺次衔接并延伸至绣墩。橘色书籍下方的黑色书本与椅子座面相呼应。在台面左边的玻璃缸里插上白色玉兰花，与画面中的鸟雀共同构成一幅大自然的画卷。值得注意的是，玻璃缸中小鱼背部的纹理同样是橘色的，场景虽然非常小，但这种提高明度和彩度的配色方式确实需要运用多种陈设技巧方可完成。

第二节 软装空间层次配色

软装空间层次配色应该遵循一定的顺序，按照正常且比较顺畅的配色流程进行。比如：家具—窗帘—灯具—地毯—装饰画—饰品—灯光。

如上图所示，这个作品中，北欧风格的实木做旧床、地面及硬装，三者的色彩浑然一体，床上的蓝色床品呼应了镶红边的蓝色窗帘，装饰画的色彩与窗帘、床品也非常吻合。因此，空间的色彩设计是有一定规律和方法的；要想实现完美的配色，就必须要了解空间设计中的几种关系。

一、家具色彩与硬装色彩

软装与硬装密不可分，选定家具是软装设计的第一步。室内空间的风格虽然受到硬装的约束，但真正起决定作用的非家具莫属。也就是说，中式风格的硬装空间照样可以采用纯欧式风格的家具，室内软装自然要跟随家具的风格而被确定为偏欧式的风格。

无论家具风格如何选择，其使用的色彩必须与硬装色彩有一定联系。家具色彩与硬装色彩大多由于故事情节和灵感来源而相互影响，这里除了考虑硬装色彩外，还应该兼顾硬装材质与家具的匹配度、硬装素材中造型与家具外观的匹配度、硬装造型中线形设计与家具用材的匹配度等。

摆场前

摆场前，灰色石砖墙洋溢着粗犷、原生态的气息，墙面顶部的鹿角装置和圆形窗户装饰展示了洛可可式的乡村风格。因此在软装陈设上，选择灰色麻质面料沙发、浅木色实木边桌，倒也与硬装颇为吻合，但空间上下断层较为严重，整个布局显得简单、严肃、呆板。

摆场后

摆场后，设计师移动了两张沙发，利用背面镜子的反射使沙发由二变四，空间深度瞬间得以拉伸。桌面上的白色台灯、花瓶、相框从墙面上方的白色鹿角装饰开始引色，沙发上的白色靠垫与地板上的白色人像再次将空间拉伸开来。原来的浅咖色地毯换成了大块留白的地毯，右侧沙发旁摆放了一张圆形暗红色图纹坐墩，黄色花朵、矮柜底部的靠垫为空间注入了灵动跳跃的亮色。由此可见，在软装体系中家具的重要性是显而易见的。

二、窗帘色彩与家具色彩

窗帘是空间中一种非常重要的软装饰物，甚至大家一度认为只有窗帘和床上用品才是软装，这足以体现窗帘在软装中的重要性。窗帘的色彩，可以选择墙面色彩的同色或者对比色，还可以将家具、布艺的色彩引申到窗帘和灯具中。选择与家具同种色彩的窗帘是最为万全的方式，易形成较为平和恬静的视觉效果。当然，还可以将家具中的点缀色作为窗帘主色，从而营造出灵动活跃的空间氛围。

摆场前

摆场前，这个场景中的窗帘是酒红色内衬与宝蓝色外布相结合的欧式窗帘，这两种色彩搭配在一起最为雍容华贵。左侧墙纸为红绿相间花朵的米色底，右侧墙纸则选择了灰蓝色，呼应了窗帘的蓝色系部分。南瓜椅只考虑到吻合墙纸的色彩，却忽略了蓝、红两个窗帘的主要色彩，造成整体色彩效果出现了断层。

摆场后

摆场后，设计师选择了与酒红色窗帘同色系的红色沙发，空间立刻变得光彩夺目，蓝色和玫红色的搭配清爽自然。沙发上那个带有稍许红色的蓝白相间花纹抱枕，将各种色彩融为一体。近处的花罐、红色沙发、搁置在茶几上的白色台灯逐渐升高，米白色灯罩进一步呼应了杏白色碎花墙纸的白色部分。最远处的蓝色装饰画与靠垫错落布置，拓展了空间进深，窗帘色彩成为硬装与家具色彩的最佳衔接。

三、地面色彩与窗帘色彩

软装色彩设计就像一个循环，无论从哪个环节开始，均须顾及上一步的配色原则，也要深虑下一步的配色要点。地面色彩构成中，地板、地毯和所有落地的家具陈设均应考虑在内。地面的配色是连接窗帘和装饰画的纽带。地面主色与窗帘、墙面同色，可以让空间显得整齐大气；以窗帘中的点缀色作为地面主色，可以让空间显得灵动活跃。

摆场前

原场景中，依旧是红绿相间花朵的米色底墙纸与灰蓝色墙纸相结合，宝蓝色窗帘与酒红色窗帘相结合。学生选择了米白色小蓝花的布艺沙发和红木留声机，以沙发中的蓝色小花朵及壁纸、窗帘作为引申，希望营造供人思考、阅读、休息的舒适环境，但却忽略了米白色沙发其实并不适合也不足以支撑这个空间，原因是没有充分考虑窗帘的重要性。

摆场后

设计师更换了一张新古典高背宝蓝色绒布沙发，铺设了一块比宝蓝色亮度低的浅咖啡色团花纹圆形地毯，明确地划分了空间界限，使窗帘和壁纸的蓝色通过沙发与地面形成串联。沙发上的抱枕虽小，却是整个空间的绝对亮点，可以被称为“色彩领袖”；其恰到好处地整合了各种色彩，可以被形象地比喻为“色彩枢纽”。

四、地面色彩与装饰画色彩

装饰画在软装中是最让设计师头痛的，也是最考验其设计功底的；用“成也萧何，败也萧何”类比装饰画的陈设作用再贴切不过了。一幅优秀的装饰画承载着空间的故事描述和精神表达，也承载着业主对空间的期望。那到底要如何选择装饰画呢？

1）确保装饰画色彩表现空间的正能量；

2）装饰画色彩是空间色彩的交集整合；

3）装饰画色彩可以采用主色和点缀色。

装饰画主色与地面主色相近，空间表现为稳重浓郁；反之，则表现为灵动活跃。

摆场前

摆场前的展示在色彩搭配上已经较为合理，“花开富贵”的装饰画与红色椅子的配色和谐顺畅，但是画面略显平直，桌面和地面陈设的拉伸感不足；空间中的陈设物相对独立，但只需稍加点缀就可以形成意想不到的效果。

摆场后

摆场后，地面铺设了一块浅咖色、米黄色、灰白色相间的图纹地毯，其色彩与装饰画的底色相呼应，空间变得灵动起来。两张红色椅子依托靠背上的彩色条纹，延伸了装饰画中的色彩。案几上的花朵、绿孔雀与装饰画共同构成了一片“雀舞花丛”的美丽景象。于此，装饰画的色彩收集作用不可小觑。

五、装饰画对饰品选择的影响

目前国内设计界对饰品愈益重视，软装设计师应该把饰品的运用列为重要工作之一。饰品的陈设作用可以定性为讲故事，也就是说，陈设的故事情节描述需要饰品的加入。需要重点研讨的是如何选择饰品，秘诀就是——饰品全在装饰画中找。

摆场前

摆场前的装饰画是视觉的绝对中心点。装饰画色彩构成中的最亮点看似红色，实则为绿色和黄色。依照“饰品全在装饰画中找”的原则，可以发现，背景墙纸、地面色彩及材质均无法符合创作要求。饰品的选择对诠释装饰画的内涵也并无益处，如果想要提升装饰画的展示效果，变换背景墙纸和地面色彩是最佳选择。

摆场后

摆场后，设计师为装饰画更换了红色背景墙纸，地面也换成了棕红色欧式地砖，墙面、地板及装饰画的红色彼此契合，空间的华贵感油然而生。设计师从装饰画里绅士的上衣中选取了最细微的蓝色，将其作为源头并延伸至蓝色花朵、地板上的铁皮衣偶，这个蓝色系的三角形构建了一个新的色彩关系。桌面上添置了奶白色蜡烛、相框、台灯，奶白色柔和淡雅，对大量明亮华丽的红橙色起到了稀释的作用。这些色彩和陈设物都可以装饰画中找到，并在空间中蔓延开来。

六、灯光对软装效果的影响

软装设计一般是在硬装完成后开始的，所以灯光和硬装部分几乎是不可变动的，灯光对软装效果的影响非常大，但很少有软装设计师对此足够重视。希望从本书开始，设计师能够很好地重视和掌握灯光这一步骤：

1）空间中的灯光要遍及各个角落，不要有黑洞或死角；

2）筒灯类的照明要考虑人体舒适度，切忌对着面部直射；

3）装饰画的展示是最需要灯光协助的，优秀的灯光设计可以提升装饰画甚至整个空间的艺术价值；

4）灯光要打在符合装饰画情感和物理需求的点上，即重视其所描绘的情景。

摆场前

摆场前的新中式风格客厅中，主沙发和单人沙发在蓝边地毯的承载下显得非常有禅意，但是花艺和饰品并没有与其他陈设物相呼应。灯光过多地打在家具上，使空间视觉整体下移，对家居陈设效果和人体舒适度都产生了不利的影响。

摆场初稿

摆场后，以相对对称的陈设方式将两个相同的官帽椅沙发对向而设，以两幅大型落地抽象油画作为空间背景。画作中的棕色、白色与沙发的色彩非常吻合，其中的蓝色也与地毯的蓝色边框形成了一个对称围合，使场景具有很强的整体性。但整个空间并非非常透亮，这时可以考虑以灯光调节空间氛围。

摆场终稿

经过灯光调节，场景最终符合了设计要求。画作中的灯光已经上移，可以非常清楚地看到其中的光线明暗变化，画作展现的是旭日初升时的璀璨之景，灯光恰到好处地打在了符合画作情感和物理需求的点上。

第三节 色彩线形构图摆场

色彩线形构图摆场，是指通过采用一条或者多条色彩线，由上至下地构建整个空间的色彩体系。当多种色彩并存时，色彩线要流畅自然，色彩脉络要清晰可见。

上图为简名敏（中国台湾）的作品。采用明黄色和橘黄色进行点缀色流线设计，黄色画作、窗帘和沙发靠垫构成一条外围线，而橘色通过四个抱枕和中间的花艺形成整体围合之势。设计效果清新宜人，带给人愉悦的视觉享受。

一、单线形构图摆场

单线形构图摆场，是指利用空间中色彩唯一的流线，由上至下地通过纯色底板展开线形构图，并延续至整个空间。其拥有简洁直接的逻辑，将一条线贯穿到底，牵动空间中的各处神经，从局部影响着空间的整体基调。

摆场前

摆场前，这个场景以灰白色为主调，颇显理性内敛，灰色覆盖了地板、床被、装饰画，再辅以白色搭衬。灰白色作为中间色，给人沉着冷静的感觉，用于卧室则略微缺少生机；橘色床旗在横向上分割了空间，缺乏美感。

摆场后

摆场后，设计师为沉闷的生活增添了新鲜亮眼的元素，象征阳光的黄色成为首选，同时也是整个空间中唯一的亮色系。设计师几乎没有改变家具和陈设物，只是增加了黄色衣架、黄色和黑色抱枕、与床同款的休息椅、黄色书籍以及斜搭在沙发椅上的黄色毯子。不难发现，从衣架一直到毯子，黄色系以“S”线跳跃起伏。灰色地板铺设了一张波纹图案地毯，使空间瞬间变得灵动活跃。

二、双线形构图摆场

双线形构图摆场多为两种色系整合设计，至少有两条色彩流线来主导空间，与单线形构图摆场相同。以哪两种色系作为组合，要在主题和灵感来源以及主要表现物中寻找。其中重要的是两条线交叉设计，这将非常考验设计师的配色功底。

摆场前

摆场前，一张深棕色不规则地毯上摆放了浅咖色欧式座椅，后面是一张小柜子，高挑的灯具和陈设物位列一旁，其中蓝色钟摆和枚红色花朵均无出处。整个场景以深沉色调营造了严肃、庄重的氛围，高大的灯具和家具加剧了这种肃穆感，令人精神紧张，心情难以放松。

摆场后

摆场后的空间主题定位为“希望”。设计师将陈设物的色调都更换为柔和舒缓的，以米白色作为主题背景；圆形的银菇伞、南瓜椅以及圆形的地毯，造型和色彩一贯而下，与右侧的风灯、矮柜、小沙发正好构成了一个立面围合。在这个主题背景中，设计师以糖果绿色与糖果红色作为组合点缀色，形成了双线形构图摆场的两条线。糖果绿色毛毯斜搭在双人座椅上，将蘑菇烛台和地毯上的绿色花朵连成一线。而糖果红色分别以深、浅色调散布于双人座椅上的抱枕和随意放置于小沙发旁边的小包中。这两种色彩都属于同纬度的对比色系糖果色，因此搭配在一起分外活泼明朗，给人带来好心情。

三、多线形构图摆场

多线形构图摆场是最为困难和难以掌握的，每位设计师均应该以掌握这种技能为目标。

多线形构图摆场设计的重点：

1）尽量不要让多条线过多地交叉；

2）冷、暖、中心色兼顾搭配，使各条色彩线流畅自然，这是设计的重点。

摆场前

摆场前的空间采用经典的冷暖色调配色，浓郁的红色墙面和白色系的床组激烈地碰撞着，个性张扬而热烈，规整的床组使空间硬朗有余但柔情略欠，想在这个空间中注入更多的动感和激情，是不是可以有更多的表现手法呢？

摆场后

摆场后的空间以红色为主调，以灰色和黄色为辅助，形成了三条相对平行的色彩线。色彩多元但不杂乱：

1）增加的屏风露出一片红色，设计师在床上铺上红色和灰色裙子，色彩延伸至地毯上的靠垫，主线流畅自然；

2）屏风的灰黑色通过床垫和靠垫得以延伸，床上的灰色裙子增强了灰色系的存在感；

3）地毯和床头柜上的黄色花束及屏风上的黄色搭巾形成了一条色彩线，散落的黄花使黄色更具张力，三条线都兼顾并合理搭配了冷、暖和中性色，它们彼此呼应，使空间灵动异常。

第四节 三角关系营造技巧

验证软装设计的重要手段是进行拍照，即采用二维图片模式检验陈设效果。在空间布局中最常用的方式依然是三角关系构图，由于三角关系是最稳固的，放在空间布局中，容易营造和谐稳定的视觉印象，采用一个或者几个三角形进行构图，是最安全可靠的摆场方式。

摆场前

摆场前，空间层次过于平直，缺少美学规划，整个画面看起来平淡琐碎。虽然每个产品都很不错，但其造型、故事情节和色彩构成都无法成为绝对的领袖，无法承载整体空间的主导权。

摆场后

摆场后，设计师采用双三角摆场方式，利用绿色案几加高了床榻后面的东南亚根雕，从根雕到地面形成了一个大三角形，进而支撑起整个空间。绿色成为空间中唯一的亮色。绿色、红色、咖啡色相间的抱枕，以及毯子与地面上的蜡烛盘，共同构成了一个小三角形，使绿色延伸至背景案几。这些物件虽然看上去摆设随意，但地毯起到了整合元素的作用，使人仍然能够感受其秩序和逻辑，这就是三角关系营造技巧的奥妙之处。

第五节 轻松配色创意法则

在进行软装配色时，诸多配色方法经常让人有“无从下手”的感觉，是否有一些基本法则可以让这些方法变得容易掌握呢？色彩的选择总是与主题、风格、灵感等有关的。本书作者根据多年的教学经验和实际操作积累，总结出一套“轻松配色创意法则”：减到精华、加出精彩、乘上情感、除却杂乱。

一、色彩减法先行

设计是一种生活态度，只有满足生活需求的设计才是真正的好设计。设计作品需要提炼各种设计语汇，比如色彩、造型、材质和故事，色彩作为视觉冲击力最为强烈的设计元素，是首先需要认真对待的。大自然中的色彩变化丰富，人们的喜好也五花八门，每位设计师必须要学习色彩的运用和取舍，那么室内空间的色彩到底从何而来呢？作者认为，从灵感来源中提取色彩才是最佳方式，本教程第四章附有超过 300 例灵感来源的分析，希望能够对读者有一定的帮助。

摆场前

摆场前，装饰画与空间中的家具、饰品在造型及色彩上均不是非常匹配的。红色沙发在深色系的空间中处于绝对的色彩控制地位。空间缺少对其他设计语汇的提炼与浓缩，亟须设计师为它做一番“色彩减法”。

摆场后

设计师以两幅天鹅油画整合空间色彩，画作中的红色点缀色刚好是沙发的红色，其中的绿色与沙发上的绿色手提包相呼应，一红一绿相互融合。运用“色彩减法”时，需要确定主要色彩，摒弃多余的色彩。禅学的“取舍”理念大概就是这个意思吧！

由此可见，以画作中的点缀色作为空间主色，是个不错的选择。

二、色彩加法为善

当选择一种或多种主要色彩进行空间描述时，还需要考虑的问题是：在哪些地方用这些色彩，用多少，怎么用？既然选择了这些色彩，就要将其利用到极致，优秀的设计作品自然就产生了。

摆场前

摆场前，客厅为淡蓝色的简欧风格，摆放白色布艺沙发，以湖蓝色作为点缀色。空间设计本身并无特别的错漏，只是其中缺乏丰富的情感表达。空间中陈设物之间的关系均不是非常密切的，尤其是灯光集中打在沙发靠背上，难免让人感觉沉重压抑。

摆场第一稿

经过第一次改造，装饰画换成了红蓝相间的跳舞女孩，靠垫中的蓝色终于在画作中有了依托，以蓝色作为空间主调似乎非常合适。舞裙中的玫红色显然是绝对的亮色，起到了点睛的作用。设计师运用“色彩加法”，有针对性地选择了玫红色花朵、书籍和蜡烛，这些设计元素虽然吻合色彩规律却缺少亮度，层次错落也不够分明。

摆场第二稿

将花艺换成与画作相同色彩的绣球百合组合，配以玫红色蜡烛和台灯，将酒柜用射灯从上部打亮，画作的环境灯光也同时上移至左上角，瞬间点亮了空间，但看起来还是有“拖泥带水”的感觉，原因在于作为亮色的玫红色形成了四点连线，而色彩构成的最佳形状是三角形（三角构图非常重要，将在后续小节中具体阐述），所以“色彩加法”的运用也不是越多越好。

摆场终稿

最终作品以装饰画中的红色作为点缀色，装饰画橱柜上的红色蜡烛和桌面的狐尾百合形成三角点缀色，灯光也同样将这三个点打亮。之所以去除台灯与茶几上的红色蜡烛，是因为这两样物件打破了三点构图的整体感，使焦点零乱涣散。而装饰画中的蓝色则延伸至同色系的抱枕、茶盘。可见，在铺垫了空间主调后，以装饰画为中心点延伸出主要色彩，点缀并串联起整个空间，令空间洋溢着浓郁的艺术气息。

摆场后，一个柔情似水的欧式客厅展现在眼前。在这个以米白色为主调的客厅中，墙面、装饰画、沙发、酒柜在灯光的照射下明暗有序，没有一处死角，空间显得晶莹剔透。从故事情节来看，画作中的人物就好像在这个客厅中交谈、走动。

三、领袖色彩法则

室内设计中软装风格非常重要。编者认为，表现风格的色彩固然很重要，但主题比色彩重要，而灵感又比主题重要，也就是说，作品的来源都是因为灵感，没有灵感的设计就是行尸走肉。整体软装摆场有时是为了提升主要陈设物的规格和等级，而感情的注入是可以升华空间效果的。为了表现设计灵感，设计师必须找到每个空间的领袖色彩，即领导和支配整个空间情感的色彩。

摆场前

摆场前，餐桌上摆放了餐具，但其色彩与路易风格家具之间缺乏关联性。地面上蓝白黑拼色地砖异常抢眼。蓝色无疑是空间中最为抢眼的色彩，后期摆场中，设计师希望让蓝色成为空间的支配色，也就是领袖色彩。

摆场后

设计师在墙角上悬挂了一幅蓝色装饰画，将地面的蓝色向空中延展，蓝色与路易风格的家具相得益彰。餐桌上堆砌着青花瓷系列的烛台、器皿、果盘，这些印在餐具上的青花蓝色呼应了墙面画作中的青蓝色，让空间有根有据。作为领袖色彩的青蓝色，与深木色家具、金色镶边相契合，体现了路易时期法国贵族阶层对中国青花瓷的偏爱。

第六节 色彩领袖的运用

领袖色彩的定义是领导和支配整个空间情感的色彩，而色彩领袖的定义是领导和支配整个空间情感的物件。如下图所示，床后悬挂的壁画就包含了空间中的所有色彩，它就是这个空间的“色彩领袖”。

世界向东传承助学导师 Thomas Dariel（法国）作品

一、色彩与故事情节

根据色彩与灵感来源的密切关系，要为每个空间设定一个故事情节。软装摆场其实就是用超写实的手法营造某个时光静止的镜头，通过逼真的场景让客户立刻联想到自己想要的生活方式，创造一个具有强烈感染力的二维画面。比如餐桌设计，可以营造一个以橘色为主的暖色就餐场景，或者一个淡蓝色的轻松备餐场景，抑或一个粉红色的下午茶聊天场景，不同故事的场景分别采用各自合适的色彩。

摆场前

摆场前的场景是卖场展示，不但没有按照实际就餐需求布置，反而作为商品陈列空间堆砌使用，所以场景看上去比较臃肿。空间以蓝色为主调，与灯具比较匹配。但是如何使空间拥有丰富的故事情节呢?

摆场后

装饰画作为整个空间的色彩领袖，营造了“等闲识得东风面，万紫千红总是春”的初春景象。装饰画中的蓝色小鸟、蓝色花瓶与白色器皿上的蓝色骏马共同构成了三角构图关系，与餐桌上堆积的桌旗、餐具和手包连成一条流畅的线；红色翠鸟也与台灯和桌旗相连；两条色彩线在桌旗上形成合流，白里透红的梅花晶莹剔透。在这个蓝红融合的空间里，美丽的初春暖人心扉。

二、色彩与主题呼应

色彩通过灵感来源表达故事情节，每个故事情节都应该有鲜明的主题，就像写文章时在明确主题后再展开各个章节的描绘就会容易得多。正常情况下，软装是为了表达积极向上的情感，表现正能量，所以，主题也必须是积极向上的。

摆场前

摆场前，黑白色占据了大部分空间，黄色书柜非常抢眼。业主要求设计不可太过艳丽，但过于灰白的色彩对于居住者的心理暗示也会偏向阴暗，不妨改变色彩思路，为空间设定一个正能量的主题。

摆场后

空间主题定位为“光明”，鲜明且放射光芒的黄色带给人无穷的力量，象征秋季、丰收、欢乐、庆祝等美好的景象。空间以红色稍加点缀，并将其作为黄色的终止点。红色在黄色底上的展示被推向一种“绿味黄色”，生命的生生不息其实就是这番精彩华丽。

第四章

大师微讲堂——色彩技法

第四章 大师微讲堂——色彩技法

一、围合色彩的绝妙点缀法

项目名称	永清生态庄园联排别墅	主创设计师	黄志达
风 格	法式风格混搭新中式风格	参与设计师	Mike Zhang，Adolph
软装配饰	Ambiance 软装设计团队，Apple	撰 文	夏扶摇

设计概述：

设计师需要关注居住者的生活品质和精神追求，在设计与生活之间搭建一座桥梁，实现传统生活审美意境与现代生活方式的自由连接，寻求西方形体与东方情韵的相互碰撞。设计无非就是人与自然、设计与生活、整体与部分、东方与西方、传统与现代、新潮与复古、坚硬与柔软之间的同生共存。

生活追求的最佳表现是室内设计。这个空间将米白色用到淋漓尽致，简约干练，直抵人心，让人产生无限遐想；精炼流畅的几何线条演变为空间意识形态，勾勒出迷人的空间质感，让人随着或硬朗、或纤细的几何线条感知简约之美，顷刻间征服视线。设计师制订了全方位的设计方案（Total Solution），从空间划分到陈设专业化、精细化，均充分考虑各种元素之间的和谐共生，用品质建造惬意舒适的生态居所，正如其传达的理念：设计生活！

点缀色围合：在一个以无色系为主的空间中搭配几种点缀色，可以营造一个清新脱俗的空间。柠檬黄色的抱枕与一些装饰罐连成一条围合线；孔雀绿色的沙发、台灯、摆件和窗帘又连成一条围合线；绿色沙发与孔雀黄色靠包成为两条色彩线的交会点，是点缀色围合的交互中心。

点睛之笔的花艺： 餐厅里最引人注目的就是中间绿叶点缀的黄白色花艺，黄色、绿色、白色、青色等主要色彩都集中在此。金色吊灯、绿色餐巾、金色餐巾扣与主花艺形成主从关系，花艺成为无可替代的点睛主角。

组合式配色法：卧室除了依旧是白色调外，同纬度的孔雀绿色和孔雀黄色继续作为主要点缀色串联起整个居室，散布在装饰画、抱枕中。这两种清新宜人的色彩形成了一个色彩围合，墙面上的椭圆形挂饰起到了绝对的领袖作用。

不同纹样的结合配色：卧室以孔雀绿色和孔雀蓝色的间色作为点缀色，床搭的纹样装饰画色彩相同，所有家具和布艺均采用蓝色压边，与硬装和地毯相呼应；值得一提的是，地毯纹样有别于其他布艺，与硬装线框相呼应的纹样在起到空间领衔作用的同时避免了碎花纹样形成泛滥。

色彩造型的动静节奏：空间的色彩布局是有节奏的，尤其是色彩形状对节奏的影响更甚，异型色块形成动感十足的节奏，让人心情愉悦；规整的色块形成舒缓的节奏，令人心情平和。睡眠区慢节奏的床品将色彩引入画内。由不规整的芥末黄色和孔雀绿色共同点缀的地毯承载着整个卧室，让空间变得灵动跳跃，淋漓尽致地表现了年轻人的青春、活力、奋斗。

二、自然元素的结构美学

项目名称	艾力枫社别墅设计	设计机构	孟也室内设计事务所
风　格	后现代自然风格	撰　文	夏扶摇

设计概述：

空间设计邂逅当代艺术会产生怎样的化学反应？当然是空间瞬间变得潇洒任性！后现代自然风格的设计线条最为轻松畅快，拒绝拘泥和拖沓。在这个空间中，可以看到最具当代感的视觉元素——蜂窝和彩块，感受到 Maurizio Cattelan 的艺术气息，捕捉到猫女郎的火辣性感；在非现实与超现实的融合中可以尽享轻松愉悦的快乐主义。

仿生态乐园：白色背景中毛茸茸的绿色地毯逼真地再现了野外草坪，娇艳的黄色吊灯光芒四射，与黄色沙发上下呼应；靓丽的黄色与青葱的绿色作为邻近色的经典搭配，非常融洽。在设计师试图营造的草原风格空间中，有奔放的斑马壁挂、黑色卡通羊驼沙发椅、褐色雕塑狗玩偶，这些饰品恰到好处地运用了自然系色彩；整个空间宛如原生态乐园般清新明快。

仿生与联想：墙面的壁毯是利用仿生蜂窝的构造和儿童画配色的设计手法制作而成的，与墙面上的当代艺术挂画相呼应，搭配柜门上的猫女剪影，虽然构造并不复杂，却营造了异样的现代空间。蜂窝是大自然中常见的元素，在门厅中，设计师巧用蜂窝造型，再运用撞色原理，在蜂窝结构内填充入褐绿色、灰色、红色、紫色、蓝色、黑色、白色等色彩，以中间轻盈梦幻、周边凝重肃穆的比例分布色彩，使宾客一入门便感受到欢快愉悦的气氛和业主的性格气质。橙色高跟鞋、橙色图纹丝巾、红色书包筐、黄色坐凳等都是对壁毯的立体诠释。

高技派的运用：餐厅采用了科技化的仿蜂窝截面金属材质餐椅，配以混凝土桌支柱，缓和了金属的华丽感光，这是一种高技派的精致诠释；同时，混凝土材质朴素自然，对于白色长桌、吊灯、镜面所营造的空灵感有所补充，为空间增添了一丝人烟气息。

场景组合手法：卧室装饰沿用了动物元素，鹿头雕塑既有装饰功能，又可以悬挂小件衣帽饰品。在色彩选择上，以白色、驼色、彩色鹿头分别装点，这些色彩顺势与床品、家具及硬装上下呼应；另一方面，床上油画抱枕的加入让整个画面有了故事组合的可能性。你看，白色鹿头上悬挂的黑灰色毛线帽、黑色项链、床尾的礼物盒和丝巾，构成了一幅充满野生气息的贵族出巡图。

对比色的艳丽与清雅：卧室的色彩差别比较大，以对比色作为点缀，于艳丽中带着清雅。如果大红色圆椅、翠绿色枝型吊灯两种 180° 互补色是空间的魅力彩妆，那么灰色混凝土天花板、浴室门面、灰白色绵羊装饰画、白色床品就是空间的清新底妆。当艳丽邂逅清雅，这个空间无疑是独特的。

元素的一贯性：在确定设计主题和主要元素后，坚持初心变得尤为重要。大多数时候，设计的好坏取决于对规划的坚持；在门厅入口墙面中镶嵌蜂窝造型装饰，在卧室、卫浴空间中悬挂蜂窝造型壁挂，都是对设计理念的坚持，实现了空间元素的和谐与连贯。

三、“舍得”原理

项目名称	港铁荟港邸白地 B6-06 样板房	主创设计师	郑树芬（Simon Chong）
参与设计师	杜恒（Amy Du），丁静（Circe Ding）	撰　文	张显梅（Emma Zhang）

设计概述：

时尚的表现之一是懂得穿着的内涵。时尚是一种生活态度，丰富多元的产品、和谐的色彩组合反映了业主内在的品位与修养。由此延伸至家居设计亦同。深入探寻空间的色彩内涵是最重要的；空间色彩不仅着眼于视觉营造，更诉诸对“时尚家居”的深度理解。

近似造型的统一性：简洁明净的开放式客厅、餐厅中，墙体是时尚的浅灰色。阳光透过一侧的落地窗射入室内，白色天花板和地板愈发显得时尚和谐。设计师以“统一的近似造型”对地毯和挂画的色彩组合进行探索和革新，使空间拥有不同寻常的魅力，既摩登又包容，既有个性又不乏深度，有种“你不用走向时尚，我让时尚走向你”的自由洒脱。

舍与得：走进这间公寓，无论身处哪个角落，都能清晰地感受到每个细节与整个空间和谐统一的连贯性，无论是线条与廓形，还是风格和色调，都一脉相承。设计就该舍弃流于表面的时尚演绎形式，转而以相对低调的风格与简约的轮廓演绎本该具有的内涵。

加减设计法则：色彩是一种直接感化灵魂的力量，带有紫色调的群青色是空间的主题色，既有无边际的浩瀚又有卓尔不群的高冷，时不时以紫色、金色、湖蓝色跳入视线，极具魅影的米兰时尚元素融入其中。色彩的减法是设计的基础法则，加法可以使空间饱满，空间中的色彩、造型、材质均遵循此法。

三角形色彩构图：在由极具魅力的玫红色背景和地毯构成的卧室中，背景装饰画很好地将香槟色和枚红色做了一个汇总。你会发现，灯具的姿态与众不同，灯具与装饰画的纹样相呼应，搭配床上的香槟金色抱枕，构成了一条稳定的三角形色彩线。

四、“色彩领袖”和“领袖色彩”的运用

项目名称	NS House	设计师	Fabio Galeazzo
风　格	新装饰主义风格	撰　文	欧阳晶晶

设计概述：

新装饰主义风格多采用自然元素，将它们与奢华的艺术陈设混合在一起，如石头、竹子、砖、木材等与浓烈且活泼的紫色、绿松石色、橘色等色彩配合使用。新装饰主义风格切忌使用太时髦、通俗的色彩。

打造优秀的室内空间不用刻意地选择色彩，可以让色彩来选择空间，就像色彩丰富的花儿吸引昆虫那样，丰富的色彩使空间夺人眼目。然而，色彩不能单独存在，它与室内空间的整体环境与材质密切相关。

设计师对色彩总保持着一种深切的欲望，每个房间均由一种色彩统治，同时又包含了其他色彩。这种试图在同一空间中植入各种各样的色彩并为它们找到恰当的位置的方式是对设计技法中“色彩领袖”和“领袖色彩”的最佳诠释。

无色系配色：质朴的灰色混凝土墙面与浅色系天然大理石地面作为整个空间的背景色，黑色书架与餐椅融入其中，明暗对比鲜明的无色系配色使空间变得灵动跳跃；圆形碗碟装饰柜的加入柔化了空间效果，摩登时尚、极具个性的感觉扑面而来。

原色木艺：黑、白、灰色的搭配总是让人觉得过于冷清和冷淡，家居布置中应该考虑使用一些暖色。木色是这个空间中与冷色调最搭配的色彩了，因为木色可以让原木韵味保持得更纯粹。小茶桌的座椅采用了现代中式风格，方正的线木色线条契合了淡雅的空间，同时也不失个性。

自然中性：黑、灰色被引入陈设装饰，画面以浅蓝色天空、白云、米色旧建筑引起极具美学价值的故事悬念，这是一种将空间与故事完美结合的方式。自然中性的色彩搭配往往可以营造出高、大、上的视觉效果。

暖色聚睛： 大面积的黑、白、灰色过于清雅冷涩，设计师在其中加入了一点红色，这是点亮空间的最佳方式，其往往被用来改善冷色调或者无色系配色过于冷酷的效果。

流线型配色： 为了使餐厅更加明快温馨，可以在郁郁葱葱的植物墙背景中采用橙色系的餐椅套组，而墙上悬挂的长幅画品综合了米灰色、橙锈色、砖红色、锈色、白色，就好像一根根动人的色彩线，拉伸着各个色彩点，同时将生机勃勃的户外绿景结合得无限完美。

无色系背景： 灰色混凝土墙面、浅色系天然大理石构建了整个空间的背景色，给设计师留出充分的发挥余地。比如，空间角落中摆放了一张灰色系布艺沙发和一小幅用浅金色画框装饰的画品，让空间有别于餐厅的热情活泼。

画龙点睛：若只关注餐椅摆设，则总觉得用色有些突兀；当看到走廊中的装饰艺术画时就知道，一切都是最好的安排；画作恰到好处地点出了空间中橙色的出处和用意，只是这一抹点缀，让空间有了最好的表达。

画面引申：设计师常常为如何挑选与画作搭配的家具和饰品犯难，其实可以从画面中了解非常多的信息。从画作中找到的信息有：树林、蓝天、白云，根据这些信息可以引申出灰色系的沙发，因为灰色系是百搭的；用蓝色波纹的小沙发加以点缀，这样蓝天就跃然于眼前；用暗条纹地毯将树干线条进行延伸，拓展了空间的纵向进深。

下移重心：当百搭黑色成为整个空间的中心色彩时，走极简路线便是最佳选择。黑色家具充斥在空间中，这时应该把握好尺度，深色家具过多，会使人产生压抑感，所以用色时最好是色彩下行，留出足够的白色和浅色墙面，减少黑色对空间的支配，再在小面积的范围内搭配一些红色亮面装饰，可以缓和冷酷严肃的室内氛围。

对比色休止： 简约主义的核心思想是将元素、色彩、照明、原材料简化到极简，以少胜多、以简胜繁，以简洁和纯净彰显空间气质。以蓝色的对比色终止空间布局是一个比较不错的方式，这里的橙色虽然没有交代出处，但作为蓝色的终止色却点亮了空间，为单一的空间增添了不少乐趣。

色彩调和：当硬装色彩过于厚重时，为了减轻空间的压迫感，一味地选择浅色家具显然是不明智的。正确的做法应该是软装延续硬装的风格和色彩，循序渐进地调和色彩，比如一块承载着主色系的深浅纹样地毯，就起到了很好的调和作用，而铜质茶几和装饰画的橙黄色让空间色彩显得轻盈许多，它们的配合起到了点睛的作用。

全色彩协调：卧室的造型、色彩要与其家具的款式、色彩相协调，还要与居室的整体环境保持一致，从而带给人和谐惬意的空间感受。

五、流线型色彩的构建

项目名称	ZA House	设计机构	Guilherme Torres Studio
风　格	后现代主义风格	摄影师	Roberto Wagner
撰　文	卢晓丽		

设计概述：

后现代主义风格强调对历史的延续，但不拘于传统的思维逻辑，将创新的饰品造型和形态夸张的柱体相结合，营造亦此亦彼的室内环境。这个空间的最大特色是各类家具的先锋造型及房屋柱体的独特形态，既对传统有所保留，又有一定程度的改良创造。随着岁月的流逝，室内软装陈设物越来越多，令房子越来越接近业主自身的气质和性格。

后现代主义风格既注重极具现代感的造型和简约的色彩搭配，又处处体现设计的传承性。色彩的搭配尽量保留材质的原汁原味。

明暗对比：宽敞开阔的客厅呈现出完全开放的局面。以白色系作为整个空间的背景色，似乎没有什么能够阻挡人的思绪在此流动；设计师为空间铺垫了不锈钢灰色和白色的中性色，具有非常大的想象尺度；棕色木纹墙面和柱体的加入让空间有了最为引人注目的深浅对比，使空间效果简洁分明。

亮色点题：后现代主义风格的色彩搭配比较大胆，以削减后的品红色与灰蓝色点缀空间，色彩对比强烈而稳定，给人耳目一新的感觉，令空间气质感倍增，让人猜想这个客厅的女主人一定是站在了时尚的最前沿。

流线型构图：灰蓝色地毯将烟灰色沙发与餐厅的壁画连成一线，色彩动线显得流畅而生动，丰富但不凌乱。海天一色的图景可谓整个空间的点睛之笔。在灰色石灰墙上悬挂这样一幅浪漫清新的画品，令人心情大好、胃口大开。

镜面生色：餐桌椅都采用了蔚蓝色，尽显整个空间的高贵大气；餐厅左侧粉色挂画是彰显空间气质的灵魂所在；餐厅中央悬挂的画品是蓝白色相间的图景，依靠镜面的反射营造了倍数效果，一切都变得合情合理。

三色组合：墙壁内置的几个由蓝色、红色、绿色组成的置物箱，是设计师于不经意间运用三原色手法的产物。红色托盘和饮料机以红色跳出墙面，一直延续到桌面，使整个空间灵动活泼。

画品聚焦：悬挂于木墙与灰墙上的画品，共同点是用色极为大胆。木墙上的画面是一辆年代久远的红色越野车，红色外立面让人感受到生命的激情，与黄色车牌、旧色木材建筑背景相衬，放置于此，分外应景。而灰墙上的画品则是空间里所有色彩的聚集点，它们密密麻麻地聚集在此，大胆而热烈，将后现代主义风格演绎得淋漓尽致。

落点到地：红、蓝、绿三色花瓶款玻璃凳落地而置，将墙面和桌面上的色彩一直延续到地面，这种陈设方式会被很多设计师忽略。柜面和桌面以方的空间一定要用心去打造。

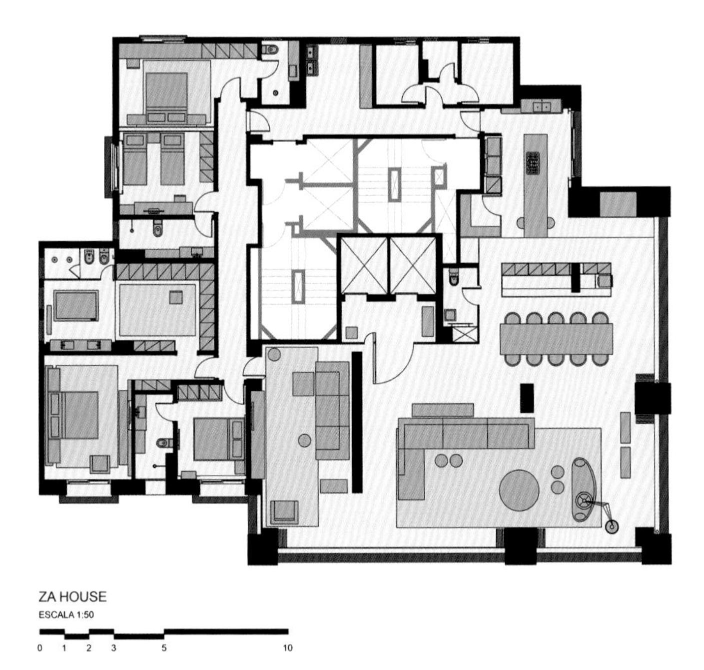

单色营造：白色天花板、白色墙脚线、灰色背景墙、木色地板，卧室并没有太丰富的色彩。极为素雅的黑白灰背景色、蓝色背景的摄影照、床靠背和床上用品，这些元素共同构成了单色线组合，卧室中萦绕着一丝丝宁静神秘的气息。

点睛之色：浴室以镜面环绕，洗浴区铺设了白色地板，过渡区铺设了木色地板。为了避免空间过于单调乏味，设计师在此摆放了一张极具个性的红椅；只是这一抹品红色，顿时让空间显得分外浪漫。

六、色彩界面的构建

项目名称	静语凝思	设计机构	KSL 设计事务所
设计风格	新中式风格	撰　文	卢晓丽

设计概述：

设计师以时尚的现代设计理念进行新中式风格的诠释，随手拈来的中式古典元素和现代风格材质及造型，形成了绝佳的搭配效果。非深谙古典精髓的意蕴，未参透时尚历练的精华，断难将古典与现代两种风格融合得如此完美。

地毯界面：新中式风格的地毯延续了传统中式的经典纹理，仔细看才发现客厅的秘密都在地毯中，冰川白的底色中点缀了玛瑙棕色和蔚蓝色的纹理，诠释了整个空间的色彩内涵。硬包、电视柜及布艺沙发就像客厅这幅画的背景，墙面装饰画、茶几、靠包，交织成花纹，汇成了灵动的画卷。客厅兼具玛瑙棕色的怀旧和冰川白的新潮，将新中式风格展现得淋漓尽致。

色彩中心：室内软装延续了硬装用色的稳健大气，以成熟的玛瑙棕色为主调的陈设气质高贵。时尚却不失稳重的新中式风格的蓝色装饰画成为色彩中心，蔚蓝色一改空间的沉着，彰显出空间的活力；长条沙发上的格纹将蓝色蔓延至整个空间。

立体色彩：空间的色彩搭配温婉动人。醇厚的蓝色瓷器、青色家具及陈设都取色于地毯，好像色彩立体地浮现在空间中。空间色彩的构建注重立体构图，色彩的节奏也是色彩布局的关键所在。

黑白视界：黑白配色依然是新中式风格的最佳表达，以最简约的线条加以诠释，色彩和线条的结合既时尚又严谨，契合了新中式风格的气质。实木桌面承托起墨梅黑色的茶杯与托盘，与墙面装饰画的造型相呼应；花艺选择了玉兰白色的大花，形成了鲜明的黑白对比；绿叶作为视觉中心点，有利于缓解人的视觉疲劳和心理压力。

背景填色：中式韵味浓厚的墨绿色色块使空间显得成熟稳重，书柜隔层中排列着一个个墨绿色抽屉，乍看过去，规整的同时，一股沉静内敛的气质慢慢显露出来。这里采用了背景填色的方式，如同插花时将绿叶放大而形成背景色，娇艳的花朵因此变得分外养眼。

色彩延续：卧室对其他空间的色彩都有所延续。棕色花格背景墙与拥有玛瑙棕色线条的床品是客厅沙发与抱枕的色彩组合，地毯上的蓝色纹样和床上的杯具套组延续着客厅的精彩配色。延续的色彩成为不同空间彼此串联的纽带。

添色造景： 对样板间来说，儿童房的色彩和配置往往显得成人化。绿灰色条纹墙纸、灰白色大床和悬空装饰柜在利落之余有一些偏成人化的阳刚。为了彰显小男孩的活泼俏皮，一幅以绿色大树为背景的卡通画品点亮了整个空间，地面上的地毯和抱枕使各种色彩交相辉映，这种在基础背景色中添色造景的方式比较适合硬装固定的场景。

七、色彩动静法

项目名称	Hague 公寓	设计师	Angelo Fernandes
风 格	混搭风格	撰 文	张聪慧

设计概述：

这是一个小型公寓，设计师试图打造一个年轻有活力且具有生活品质的居住空间。在预算与面积均比较有限的情况下，混搭风格往往成为上佳之选，不同的材质、色彩、风格交会于同一空间中，集大家之所长，营造出一个个性独特的视觉印象，空间也因为混搭风格的灵活变幻而显得张力十足。

然而混搭并不代表混乱，尤其在色彩运用方面，混搭风格可以说是由色彩主导一切。各种色彩融会贯通，人们置身其中，尽情享受色彩带来的舒适愉悦。

色彩动静法：沙发背景色由灰、白两色组成，好像一片梦幻的白桦林，动物、人、路灯是三角构图的熟练运用，空间内所有软装都以此为基点而延伸开来。淡如烟的树木与白色背景融为一体，空间变得轻盈无比。动物壁挂、木地板、茶几的色调由浅入深，由远及近，动静结合，进一步展现了漫步在森林里的灵动。

同色呼应： 设计师在小空间中妙用同色系，只用了一种颜色，并在邻近处有同色系的色彩与之相呼应。比如客厅中央的深色木桌，与两张白色布艺沙发椅中间的原木小桌形成一条脉络线，墙面的浅木色鹿角装饰与藤木吊灯亦形成呼应，使天花板上部空间的色彩得以延续。

灯光着色： 如此轻盈的空间在白天看起来是纯洁干净的，夜晚的效果则取决于灯光的运用了。设计师巧妙地设置了台灯、落地灯、吊顶灯、厨房灯，光源之间高低错落，灯光采用黄昏白色，宛如一缕晨曦在森林中缓缓升起。右边的薄荷色冰箱与墙上画作中的青山形成呼应。几乎每个角落都能找到同色系彼此呼应的痕迹，整个空间因此和谐统一。

主题点色： 主题色是指墙面背景中表达空间主题的主要色彩。客厅的主题是自然奔放的生活。墙上悬挂的自行车、桌上的盒子、花艺、冰箱外观面上张贴的小画，均以红色系加以点缀，连成一条条无形的贯穿线，串联起整个空间的故事情节。

高技纯色：厨房的氛围因为满黑板的粉笔字显得活泼有趣，黑白元素无孔不入。设计师在墙面上设置了黑板，在橱柜间隙也将黑板巧妙带入，黑板上的信笔涂鸦让整个空间充满了奇思妙想，这种高技派的陈设手法适合现代风格的室内空间。

点缀色搭配法：浅木色电视柜上的陈设依旧年轻有活力，从左到右依次是画册、播放机、电视。画册封面以黄色稍加点缀，艺术气息十足，青蓝色黑胶机外盒与之相称；墙壁上明黄色和白色的蜂窝状图形被充分利用，黄色瞬间成为整个空间的重点色。

立体色彩：这是业主做手工、缝纫的小工作室。小桌台上摆放着红色盒子和铜色缝纫机，地板则由黑白相间的瓷砖组成，整个空间简洁明了，虽小却不局促。靠窗处垂吊的系列花器格外夺人眼目，统一的灰色花器承载着各种绿植，而花器底部分别由红、青、黑、白四色点缀，成为半空中的亮点。空间色彩形成了丰富的立体层次。

冷暖对比：小小的卧室散发着安静的气息，深灰色被子、浅灰色毯子、白色床单抱枕、米色床头背景墙及白色书架，一系列浅色调床品构成了一个极其安宁美好的睡眠空间。床品将素雅宁静发挥到极致。设计师采用了深色木地板和床头柜，与床品形成深浅对比，提升了空间质感。

收集色彩：小桌旁的墙上悬挂的画品极具当代艺术气息，粉红色人像惟妙惟肖，青苹果色小桌与之呼应，构建了一场活泼和谐的对话。散落于书架上的星星陈设、书籍封面，共同奏响了一曲色彩交响曲，画品和书桌成为这些色彩的收集者。

八、主题色彩投射法

项目名称	RL House	设计机构	Studio Guilherme Torres
风　格	混搭风格	摄影师	Denilson Machado (MCA Est ú dio)
撰　文	袁昌		

设计概述：

置身于混搭风格的空间中，领略每种风格的精彩；各种家具陈设的集合令空间多姿多彩，单独看一个角落、一件物品，会觉得仅此而已，但把它们串联在一起，就能感受到空间色彩的丰富多元。

这是一个 145 平方米的居住空间，业主是一对夫妇。他们对原有房屋的环境和传统装饰不满意，所以请设计师对空间进行设计改造。在合作过程中，夫妇俩成为设计师的粉丝，不仅采纳了他们的设计，还坚持使用设计师亲手制作的家具用品。

业主的信任提升了设计师的信心，最终打造了一个活泼有趣的居住空间。

色彩投射：墙面上的几何图案汇集了空间中的所有色彩。空间采用双三原色的配色方式（红黄蓝、红绿蓝），其他色彩都可以在这里找到出处，如木色墙壁是对黄色的交代，粉红色地毯是对红色的交代。以此类推，空间好像一个投影器，色彩透过墙面立体地投射出来。

繁复对繁复：青绿色地毯上摆放了一张拥有繁复花朵图纹桌布的桌子，如同草地上盛放的花朵，饱满丰富的造型令空间瞬间充实有趣。与之相呼应的是沙发上的花朵图纹抱枕，同样是花朵图纹，两相对应，空间不显空洞，人的视线也有了落脚处。

深浅均衡：客厅的两侧墙壁上分别铺设了浅蓝色和海蓝色墙纸，一深一浅形成对比，在开阔的空间中形成远程对话。浅蓝色墙壁体量小，餐桌、深蓝色墙壁体量大，于是几张小椅子被摆放于餐桌旁边，达到了色彩与体量的双重均衡。

平衡补色： 相较客厅活泼明丽的氛围，餐厅的格调更为素雅，长形天蓝色餐桌的加入，进一步提升了空间气质。浅木色背景墙中间用一个灰色混凝土柱子隔开，洋溢着原生态的大自然气息；灰色混凝土柱子上三条白色条块呼应、平衡了白色餐椅带来的视觉感受。

色彩延续：厨房的背景是简洁的黑白色系格局，青色水果在此恰到好处地与天蓝色相搭配，构成了一幅清新的生活图景。细节部分，设计师仍然不忘延续空间主调，与餐桌色系一致的天蓝色厨具恰到好处地串联起每个角落，使整个空间显得和谐统一。

亮点布局：嵌入式冰箱形成的黑色内里与浅木色墙板相得益彰，情调浓浓；空间中的每个角落被充分利用，白色小圆椅、蓝色小餐桌及其上面摆放的红色糕点，共同营造了一个糖果色的下午茶时光，色彩缤纷、舒适惬意。一块块红色糕点好像一个个小亮点，瞬间燃烧了整个空间。

九、横平竖直的垂直构图配色法

项目名称	Nazdrowje 饭店 & 酒吧	设计师	Richard Lindvall
风　格	高技派工业风格	撰　文	夏扶摇

设计概述：

这个空间是由一个旧仓库改建的，原有的工业感被保留，但通过恰到好处的色彩搭配，空间兼具了人性化的个性与温暖。

工业风格的共同点是空间高大宽敞，在这里，人们可以听凭自己内心的指引，自由地添加装饰元素。

混凝土、铜、钢、白色瓷砖作为空间主材，将原材料无遮掩地展示于空间内，这正是工业风格的特点之一。其选用的色彩不宜过于粉嫩，陈旧、有味道的色彩为上选。

垂直构图配色：高技派工业风的设计最重视简约简单，抛开所有的繁复，除了黑、白、灰色，整个空间中唯一的点缀色只有那一片铁锈色——墙柜、铜管、台面，布陈在垂直面上，横平竖直的色彩布置让观赏者获得爽朗愉悦的心理感受。

三条色彩线：空间的层次感来源于色彩线的勾勒。高度几乎相同的黑色凳子和水泥板桌面，形成了第一层次的平面线；由铁板制作的黑色暗盒是第二层次的平面线；装饰画和锈铁板是第三层次的平面线。整个空间几乎被这三条线全面把控，统一的线条，统一的设计。

灯光也是一种色彩：吧台与背景墙皆延续混凝土和瓷砖的黑白灰色高冷情调，背景之下，琳琅满目的酒品瞬间变得灵动跳跃，各色酒瓶明晰可见。深黑色灯具看上去炫酷至极，灯罩里投射出来的橙色灯光也是一种色彩的表达，炫酷又温暖。

管道也是一种软装：相对于其他风格流派，高技派以裸露的铜管为标志性特征；从灯管到墙面，再到窗台下的墙面，都延续了铜管元素；整个空间的高度统一取决于元素、细节的统一。铁锈色铜管在混凝土墙上好像五线谱舞动着旋律，让人沉醉其中；旁边案台上摆放的花朵，除了色彩沿用铜管外，造型好像雀跃的音符，与之呼应。

十、三原色与相生色的绝妙搭配

项目名称	Rock'n Roll Loft	设计机构	Carols I Design
风　格	LOFT 风格	撰　文	夏扶摇

设计概述：

LOFT 风格的关键元素是高大开放的空间，从最初的仓库、阁楼演变成时尚的生活、工作空间，这期间经历了许多艺术工作者的创作改造，或者在废弃的厂房搞艺术，或者将一个高大宽敞的空间打造成极具个性的 LOFT 风格，尤其受到年轻群体的追捧。

废弃的厂房往往陈旧且充满野性。LOFT 风格所采用的色彩往往或明亮欢快，或陈旧狂野。原有建筑被大量保留，在此基础上进行生活方式的创新。在软装陈设方面，以梦幻般的个性化色彩完美地演绎 LOFT 风格。

相生色的绝妙：空间中的 L 形沙发是最为醒目和丰富的，白色、银色和深灰色的主调中，红色、橙色、紫色等多种色彩的靠包轮番上场，对面的沙发还有红绿色和黄色的加入，似乎凌乱的客厅在精心布陈后才发现一切都是有理有据、恰到好处的，那么到底是什么原理让各种色彩在同一空间中和平共处呢？答案就是：色彩相生。在色环和三原色环中可以找到答案。当墙面的蓝色遇到沙发上的红色靠包，紫色系的靠包应运而生；红、绿、蓝色可以分别生成青色和黄色，这就是各种色彩的来历了。

书籍的妙用：设计师在灰色墙壁的上半部分设置了陈旧的木柜隔层。空间的布置相当讲究，悬挂的一双鞋子装饰与木柜同色，而其他陈设、书籍、小电视分别采用红、黄、白、银色，不多不少的点缀色恰到好处地装饰了空间。值得一提的是，五彩书籍对陈设布局意义重大，各色书籍可使各种色彩彼此呼应。

跳跃的色彩：空间色彩非常戏剧化；红白两色平分墙壁，中间黑色和红色的线条好像两个世界的分界线，一半是火热，一半是冷静，饶有趣味。试想业主在陈旧的沙发上安坐，壁炉上摆放的老照片，让人回忆起时光匆匆；若在此阅读美文诗词，将更加令人动容。壁炉内升起一团火，雀跃的色彩让各种元素动静结合，和谐对话。

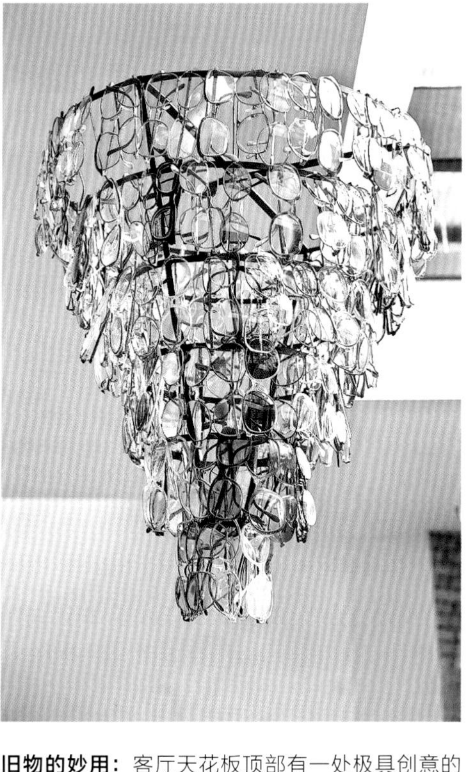

旧物的妙用：客厅天花板顶部有一处极具创意的装置，由不同眼镜组成的一个圆锥形装置，镜面色彩被通透的镜面材质“稀释”了。整个装置的色调是空灵的，恰到好处地点缀了空间。

墙面与地面的引申：一直在寻找红、黄、蓝色的出处，结果发现它们隐秘地藏在餐厅地板中。餐厅地板区别于素雅的餐桌和墙面，地板砖采用了红、黄、灰蓝、白等间色图纹，极大地活跃了空间。

低成本、高质量：如何使用低成本素材打造一个高质量的空间，对于 LOFT 风格的空间来说似乎轻而易举。楼梯与走廊过道的墙壁由黑白画面的报纸张贴加以装饰，搭配活泼有趣的彩色楼梯，空间瞬间活力十足。

相生色和三原色：每个房间的门面都被涂上了亮丽的色彩：红、绿、黄、蓝、紫色，活泼炫目的糖果色系让人心情愉快，契合了整个空间的明快气质，一扫 LOFT 风格固有的低调内敛，却不失狂野个性。门面的色彩真正为观者上了一堂生动的色彩相生相融课。

BANG!

色彩与主题: 二楼工作室的设计可谓元气满满、朝气蓬勃，天花板上的超人用红、蓝、黄三色涂抹，一个积极向上的超人横空出世，极大地提高了人们的工作热情。顺着超人的手势，可看到对面墙角上的黑色英文“Bang”以及棕褐色动物身躯和黄色火花，空间极具视觉冲击力。从楼梯到工作室的墙面上悬挂着六幅画品，空间色彩几乎都可以从这六幅画品中找到；最重要的蓝、红色贯穿了所有画面，这也是超人的色彩构成；值得注意的是，单人沙发和沙包的色彩刚好契合了超人的发色。

墙面也是画面：卧室以白色为主调，床品、橱柜皆采用了白色，一个纯净的睡眠空间便产生了。墙面的设计极具新意，不规则形状的白墙与浅橙色砖墙共同构成了一道奇特的风景，且与木地板相衬；这里将墙面当作画面加以处理，所以底板的色彩选择就合乎常理了，床品的选择也是一样的道理。

小型纹样的搭配：黑白相衬的卫浴空间打破了其他空间的糖果色系，彻底转变成优雅高贵范儿，然而地面和梳妆椅的纹样却是完全不同的造型。地面卷草纹灵动跳跃，地面铺陈难免凌乱，配以气质大方的椅面方格纹，各种色彩得以均衡。

“武装”到阳台：露台上的座椅延续主屋的色彩，红、黑、灰、白、蓝五色座椅传达出乐观的人生心态；糖果色与中性色的交汇让人生的欢乐与安静汇集于此。在此观看云起云落，心情也随之“云淡风轻”。

十一、同纬度色彩搭配法则

项目名称	Blabar 别墅	设计机构	PS Architect
风　格	新装饰主义风格	撰　文	夏扶摇

设计概述：

周边的自然环境和宅基地的坡地特性，决定了这个房屋的形状。从房屋立面到屋顶都采用了黑色毛毡，与周边的自然风光形成鲜明的对比，使房屋从众多绿色中脱颖而出。透明的落地窗，让人在户外就能看到屋内的家具陈设，无形中成为自然景观的点缀。

色彩的鲜艳程度取决于色彩的纯度，视觉能辨认出的有色相感的色，都具有一定程度的鲜艳度，比如绿色，当它混入白色时，虽然仍旧具有绿色相的特征，但它的鲜艳度降低了，明度提高了，成为淡绿色；当它混入黑色时，鲜艳度降低了，明度变暗了，成为暗绿色；当混入与绿色明度相似的中性灰色时，明度依旧，纯度降低了，成为灰绿色。在室内设计中，在一个色盘上按照明暗纯度将各种色彩进行区分，同纬度的色彩搭配自然是最合适的选择。

同纯度渐进色系的配色：房屋里明亮的落地窗使软装陈设与户外景观融为一体。客厅的软装陈设采用了大红色与玫红色的渐进式搭配，同纯度渐进色系的优势是避免了单色调的疲乏，视觉效果更加活跃；尤其在夜晚，温暖的灯光与冷静的黑色进一步形成冷暖对比，室内外形成一场有趣的对话。

色彩领袖：餐厅中，一盏欧式水晶吊灯奢华典雅；一张地毯五彩缤纷，夺人眼目，且承载着大红色餐椅。白色餐桌上的绿植，过道边座椅上的土黄色抱枕，顺利地延伸了视线和界面。地毯将客厅和餐厅的所有色彩囊括其中，形成视觉中心点，“色彩领袖”当之无愧。

回归本初：厨房采用了白色橱柜与桌台。值得一提的是，黑色地毯与烹饪设备夺得装饰头筹，黑色也是屋外立面的颜色；众多黑色相聚于此，回归本初。

引色入内：过道空间延续整体硬装的白净，长条矮凳与坐墩上的芥末青色清新舒畅，将室外的自然风光引入室内，甚至连木色楼梯也是户外森林色彩的提炼与浓缩。

统一无色系：靠窗处摆放一张银灰色座椅，配以银灰色毯子、台灯、瓶罐，形成同色系的堆砌陈列，整个空间也显得和谐高雅。窗外大树的灰色树干在窗户两侧形成令人喜悦的对称效果。

同纯度黄加蓝：卧室采用了宁静、清新、自由的天蓝色床品，让人心情放松。值得一提的是，这里需要缓和蓝色带来的消极心理效应，因此加入了代表新生、单纯的嫩黄色，让人感到明快纯洁。黄色搭配蓝色，正好生成窗外那些翠翠的绿色。原来设计是需要用心去感受的。

三原色的立体展现：儿童房内，一袭玫红色长地毯作为两张床之间的分界线；床上用品、沙发和娃娃，甚至窗台上糖果色的缤纷花朵，一股脑儿地倾泻下来。

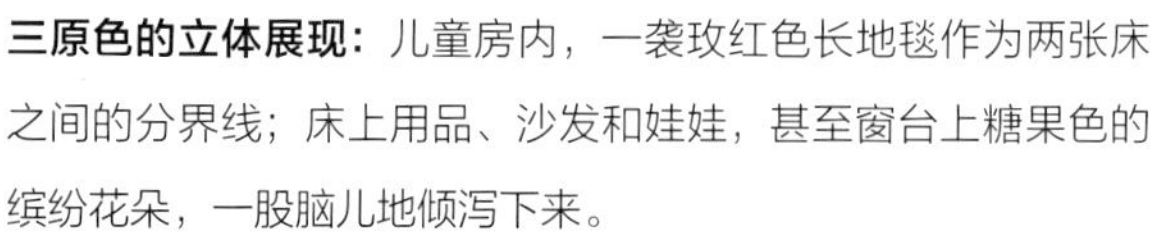

玫红色是整个空间的主线，窗外的绿色被引入室内，成为第二条层次线。黄色是空间的辅线。整个空间通过三原色的化学反应不断地形成新的视觉焦点。

点缀色的功效：在洗浴空间中，室内外的主色调在此汇集。白色硬装与黑色软装的搭配正是室内空间与建筑外立面色调的结合，黑与白的世界简洁无比，红色橱柜把手为空间增加了热度；最不能忽略的是窗台和台面的绿色，其对空间的点缀堪称“神来之笔”。

十二、色彩线形构图法则

项目名称	卡普里旅馆	设计师	Giuliano Andrea dell'Uva
风　格	地中海风格	撰　文	夏扶摇

设计概述：

卡普里旅馆位于意大利，家庭旅馆的概念胜过度假酒店，它拥有卡普里小岛般的休闲惬意。

地中海风格最符合这栋建筑的室内空间设计，石灰水泥材质的墙面裸露在空间内，尽显地中海风格的粗犷大气，而上面的油漆涂层则提升了空间的艺术气息与情调。

热情活泼、浪漫明快是地中海风格的特征。其往往采用明朗的亮色系，人们置身其中，会感受到扑面而来的热情奔放，生命的欢喜洋溢在空间中。明亮的柠檬黄色很少出现在地中海风格中，在这里作为点缀色确实非常具有存在感。

色彩三点构图：墙面上的卡普里海蓝色块、桌面木质器皿的浅蓝色底面、画品中的深蓝色海洋，无形中构成了三点构图，由深到浅的蓝色将地中海风格展现得淋漓尽致；明亮的黄色进一步彰显出地中海风格的明快纯净，其恰到好处地被用于门墙边沿、椅子、杯子上，三者之间形成一条可追溯的“回”形三角线，彼此呼应。

色彩流线形：卧室内拥有两条色线，第一条是延续客厅的卡普里海蓝色，从立柜的陈列到床头柜，再越过菱形图纹床单到沙发几上的陈设，一贯而就的手法甚为老练；明亮的黄色同样被沿用于卧室内，枕巾的明黄色与抱枕的卡普里蓝色相衬，床头两边垂直悬挂下来的灯泡由黄色电线牵引，这抹黄色恰到好处地呼应了枕巾的明黄色，又与黄色踢脚形成另一条流线。双重色彩线的交融使用让空间条理清晰、井井有条。

加减元素法则：铁艺搁架上重复陈列相同的花瓶绿植，这是一种将加减法用到极致的手法，规整的格局引人注目，让人在此休息时也不忘将视线投放于角落中；小桌台上的黄色花器、蓝色铁艺笼以及蓝色抱枕都是对其他空间选用的黄蓝两色的巧妙延续。各种色彩串联起每个空间，将元素和色彩减到极致才是最重要的。

色彩的错落层次：餐桌上同样属于黄色系的果盘点心，与隔板上的书籍和椅子形成了错落的节奏效果，节奏的中心落在餐桌上，空间瞬间变得灵动活泼。黄色在这个空间中掌握着绝对权，因此色彩的中心不宜偏高。

色彩收集者：墙壁上摆放了一个白色铁艺衣架，每一个挂钩上都设计了一个小圆球，各个圆球的色彩不尽相同，囊括了红、橙、黄、绿、紫色，犹如五彩星球在此安家，活泼亮丽；地面上摆放着两幅画品，与上方的五彩星球不同，这两幅画品是安静陈旧的，做旧的绿色、芥末黄色、褐色、灰色组合在一起，别有一番情调，这些色彩的巧妙收集是软装陈设的重要手段之一。

缺陷的优化：浴室拱形天花板和墙壁的材质是原生态的，色彩除了灰色、白色，墙壁上有两块很明显的色块，是被侵蚀墙面的土橙色和褐色，晕染般的效果与原生态材质的结合，犹如进入一个原始窑洞。这些缺陷的优化工作成为设计的亮点，顺势而下的浴巾和毛毯让斑驳成为一种时尚。

明暗色对比：靠窗的一个大橱柜采用了杉木板面和黑色外框，黑色台面上是一盏黑色台灯，它承上启下，与乳白色墙壁形成了黑白对比；台面上的明黄色器皿，与橱柜门形成了颇有韵味的明暗对比。

十三、墙面、地面的色彩关系学

项目名称	烟雨江南春	设计机构	PINKI 品伊国际创意集团 & 知本家陈设艺术机构
设计师	刘卫军	参与设计	梁义，张罗贵，李莎莉
风　格	现代中式风格	撰　文	夏扶摇

设计概述：

当生活成为最奢侈的时光，你可以静静地感受一份英式下午茶带来的惬意。休闲中带有奢华，简约中带有品位，处处洋溢着异域风情的意境和浓郁的异域文化气息，生活多姿多彩。当空间硬装的色彩基本确定时，地毯和窗帘的色彩搭配就尤为重要，搭配的技巧就是将墙面当作画面，将所有落地的陈列当作地面。

地毯界面：灰色大理石色墙壁展现了现代中式风格沉稳厚重的一面，使空间多了几分阳刚。展现烟雨江南的秀美雅致需要使用翠蓝色、翠黄色。以往现代中式风格空间多用沉稳朴素的褐色，而设计师认为中国风还应该有烟雨江南的婉约宁静，翠蓝色的沙发背景墙、桌旗与地毯图纹，搭配土黄色的地毯图纹、画品，以及浅青色的荷叶、小鸟陈设，这三种色彩被灵活地运用于空间中，风轻云淡地描绘了一幅婉约气派的江南风景。仔细分析可以发现，几乎所有的色彩和物件都是被地毯掌握和把控的。

色彩的界面组合: 餐厅的主色调延续了客厅的翠蓝色、土黄色，但为了营造温暖富足的用餐氛围以引起人的食欲，餐桌上橘色花器与花束的搭配瞬间将人的视线吸引过去，橘黄色的花艺成为空间的点缀；蓝色餐具和餐巾与花艺上的蓝色蝴蝶形成了一个色彩组合，有效地界定了空间，并与壁挂中的美景构成了墙面与地面的呼应关系。

工笔画的陈设： 卧室的用色较为保守，芥子色床单、墙纸、窗帘和棕色床毯都是工笔画的用色，极具乡土风情。浅蓝色抱枕、粉色花艺，粉嫩色系与乡土色系的巧妙搭配，犹如唐代工笔画般雍容典雅。

画品的领导作用：素雅恬静的米白色大床上铺上了芥子色床毯，瞬间点亮了空间，且与各种硬装、软装完美结合；在这个空间中，无论是青色玻璃台灯、花艺，还是玩偶，设计师始终掌握着一个原则：画品中的各种色彩以浪漫的形式延伸开来。画品作为一个软装陈设，领导着整个空间。

十四、相近造型和互补造型的搭配技巧

项目名称	京城幻想曲	设计机构	Dariel Studio
风　格	后现代主义风格	设 计 师	Thomas Dariel
撰　文	袁昌		

设计概述：

这个 1500 平方米的公寓坐落于繁华的北京三里屯地区，超凡的装饰设计体现了业主不凡的性格。楼顶最上面的两层，总共 12 个小公寓被全部打通，组合成一个复式公寓，营造了宽敞明亮的空间。一楼是一片巨大的开放区域，没有任何隔断。没有保留墙体，设计师运用不同的纹理、材质、颜色、线形和造型来区分不同的空间，让每个空间讲述着不同的故事。

空间布局方式奠定了整个设计的基调。可以发现，这个空间向后现代主义风格致以崇高的敬意。明亮浓郁的色彩，装饰性的表面纹饰，不对称的造型，营造了奇特有趣的氛围，它们被转化成室内设计元素，具有后现代孟菲斯运动的特质，更受到 Ettore Sottsass 的灵感启发。

统一造型的运用：超大挑空的客厅中，统一的黑白环造型形成了和谐的视觉效果，一个时空感强烈的空间就这样产生了。风格化的当代艺术作品不时点缀着空间，洋溢着无与伦比的艺术气息，也更好地彰显出业主热爱艺术和设计的生活态度。入口处摆放的出自艺术家 Aurele 之手的 *Lost Dogs* 作品，与黑白色条纹所营造的当代感相得益彰，给人置身某个艺术展的错觉。黄、白、灰三色的艺术品陈放于深色地板的正中央，观者在迷幻的空间里有了视觉焦点。

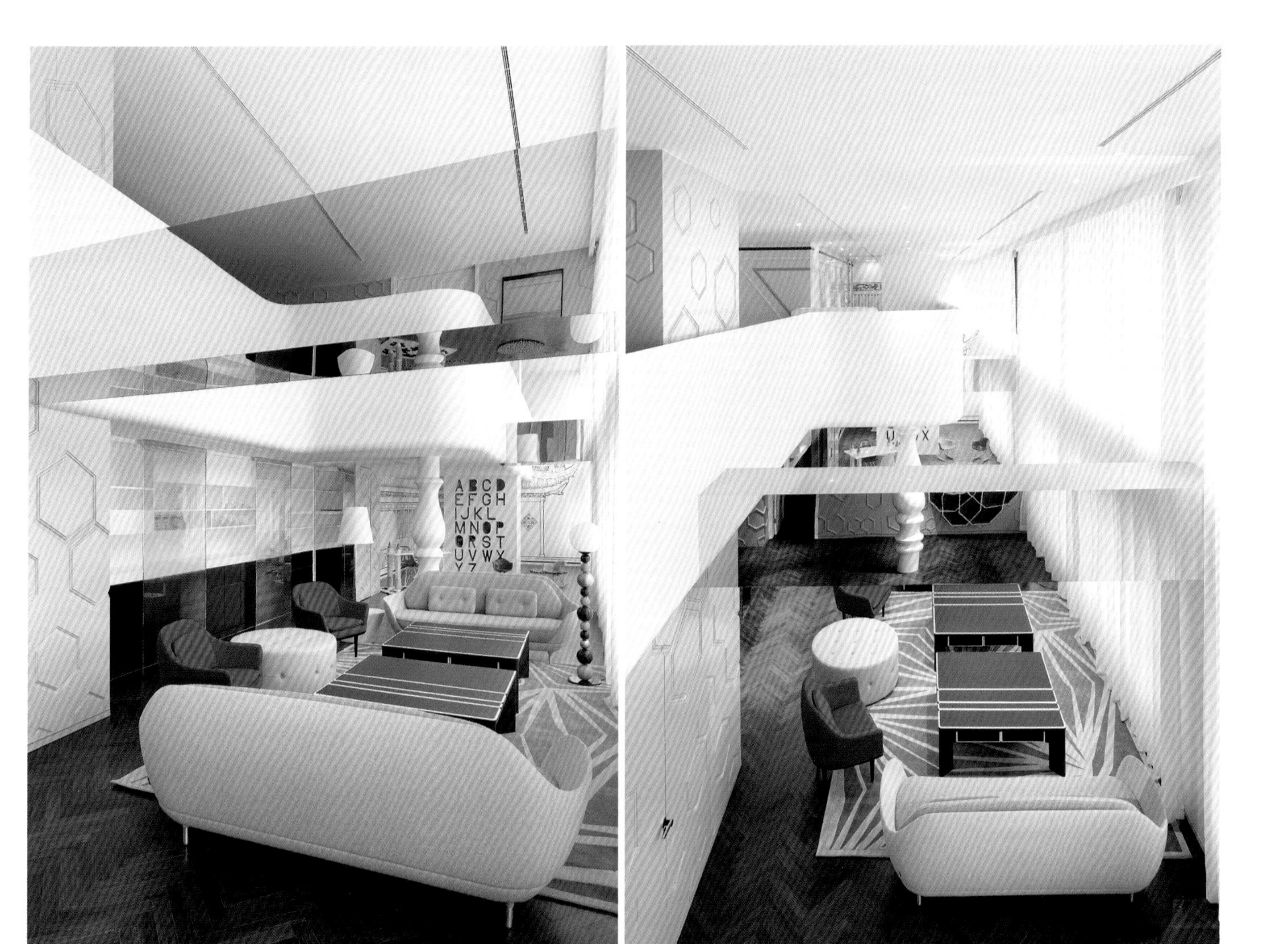

几何的互补：客厅背景墙的六边形是蜂窝的演化，地毯和地板又与六边形形成了共同点，同类型的几何造型构成了完整的客厅背景，圆润的沙发构造是背景的有效补充；最引人注目的是，落地灯造型新颖、个性独特，大小不一的圆球如鱼丸般被串成一排，圆球由黑、蓝、芥末黄三色组成，构成了一段颇为灵动的色彩节奏。一个由互补的几何型构成的空间注定是激情四溢的。

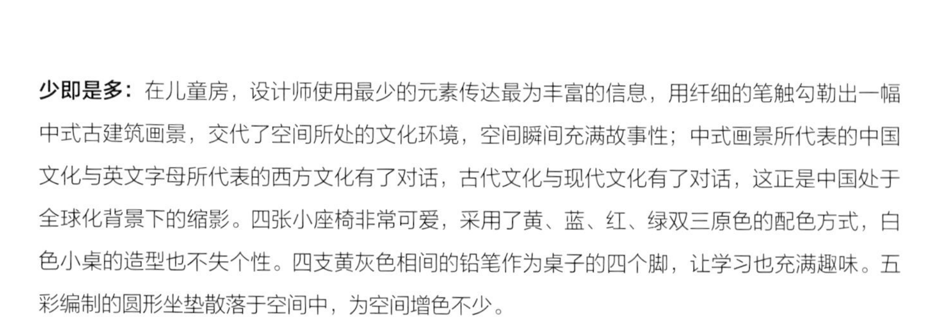

少即是多： 在儿童房，设计师使用最少的元素传达最为丰富的信息，用纤细的笔触勾勒出一幅中式古建筑画景，交代了空间所处的文化环境，空间瞬间充满故事性；中式画景所代表的中国文化与英文字母所代表的西方文化有了对话，古代文化与现代文化有了对话，这正是中国处于全球化背景下的缩影。四张小座椅非常可爱，采用了黄、蓝、红、绿双三原色的配色方式，白色小桌的造型也不失个性。四支黄灰色相间的铅笔作为桌子的四个脚，让学习也充满趣味。五彩编制的圆形坐垫散落于空间中，为空间增色不少。

艺术品： 长椭圆形的各个截断造型柱组合是知名设计师 Claudio Colucci 的“Squeezes”灯光作品，其流线型的造型柔化了大空间的空旷感，营造了独特而不张扬的平衡之美。

同造型的重复运用： 干净简洁的走廊过道中央摆放了一张造型独特的蛋形座椅，座椅内部采用了深蓝色，呼应了墙面圆环图案的浅蓝色，适当地在同一空间中运用同色系、同造型，既保持了空间的活泼，又恰到好处地让空间回归简洁。

色彩呼应： 儿童房的布置充分尊重儿童的天性，通过色彩传达自由广阔的心境。白底黑兽的墙纸展现了友好和谐的动物世界。地毯上部分区域亦采用了黑白色图纹，与墙纸形成了色彩呼应，让每种色彩都有着落点。橙色小鸭与靠窗的一张座椅形成了色彩呼应，而墙角的黄色座椅与橙色正好形成了空间的三点呼应，亮色系的搭配恰到好处地点缀了空间。

超现实主义色彩：儿童房的墙柜以一种非常规几何体布局的方式加以装饰，在独特布局的基础上，通过黑、灰、黄、蓝四种色块的交叉展现，黄蓝色块对比强烈，大面积的对比带来了躁动不安的视觉感受，黑色和灰色的加入则起到了中和的作用，使整体明度取得了和谐。从色块奇特的墙柜往房间中部移动，以黄蓝两色作为线索，黄色台灯与蓝色桌面延续了墙柜中的两种色块，而后再朝透明色座椅蔓延视线，一切就显得理所当然，这种配色方式被称为“明度支配”。

造型统一：主卧中蒙德里安风格的衣柜门造型简洁且趣味十足，值得大加赞赏的是四柱床的选用，床柱构成的矩形巧妙地与门扇造型形成呼应。这种搭配方式叫作“相近造型搭配”。在浴室中同样可以看到这种搭配方式，镜子和地板都采用了六角形的图案；镜子是虚的，地板是实的，相同的图案虚实相生、别有情境。

黑白交响曲：浴室的色彩以黑、白色为主，黑白相衬的瓷砖是主打设计，它丰富了整个空间的视觉印象，而洗手台、浴缸、橱柜都是干净的白色或黑色。这两种色调令空间显得更为高贵优雅。

十五、同一元素的重复运用

项目名称	Tally Weijl	设计机构	Dan Pearlman
风 格	时尚摩登风格	撰 文	谢琳妃

设计概述：

“时尚摩登风格”旨在全方位、多角度、精细地展示生动的创意与新潮的色彩，领略设计名师创意非凡的手笔，体验极具感染力的设计理念与现代设计风尚。作为一家倡导新时尚的商业店铺，新潮是品牌和设计的要素。设计机构试图展示最具个性的创意、最前卫的灯光艺术与新潮的色彩，展示另类的艺术美感，给予客户赏心悦目的身心体验。

时尚摩登风格与该品牌的匹配度是百分百的。马赛克镜面、聚光灯、Disco 光球、高光打磨区域等各种闪闪发亮的元素都体现了店铺的设计理念：让所有女人重拾自信，品味时尚潮流。材质上，这种风格倾向于选择崭新光洁的材料，室内空间犹如一个全新的世界，不再有陈旧、过时之物。而该风格的色彩也更加明艳、俏皮、个性，体现新新人类的情趣。

高光背景：纯洁明亮的白色与浅色系大理石地面构成了整个空间的背景，配饰区以黑色高光玻璃作为门框，无色彩的明暗配色提升了空间的视觉冲击力，高光玻璃材质令空间焕然一新。黑色本就神秘高贵，与该材质搭配，更加提升了空间质感。黑与白的经典搭配，诠释了“你中有我、我中有你”的色彩搭配手法。这种背景下的软装陈设是时尚大气、高贵摩登的。

冷暖调和：店铺过于冰冷的硬装设计并不是为了表达冷酷感，而是为陈列做铺垫。黑白无色系的搭配总是让人觉得过于冷清和冷淡，在局部天花板掺入了粉红色，局部灯光也采用了粉红色。粉红色作为点缀色让整个空间充满了活力，而粉红色与黑色的搭配，两种冷暖色调兼顾了温柔与高贵，同时也不失个性。

主题色调：一只粉红色的兔子是店铺的主题元素。空间中的粉红色有的以点的形式出现于白色柜台外立面，有的作为实体配饰品以线的形式被陈列在商品展台，还有的现身于柜台马赛克背景中的人物图景里。楼梯区还有大面积的展示，主题色彩以点、线、面的形式，一步步得到强调，营造了一个神奇美妙的空间。

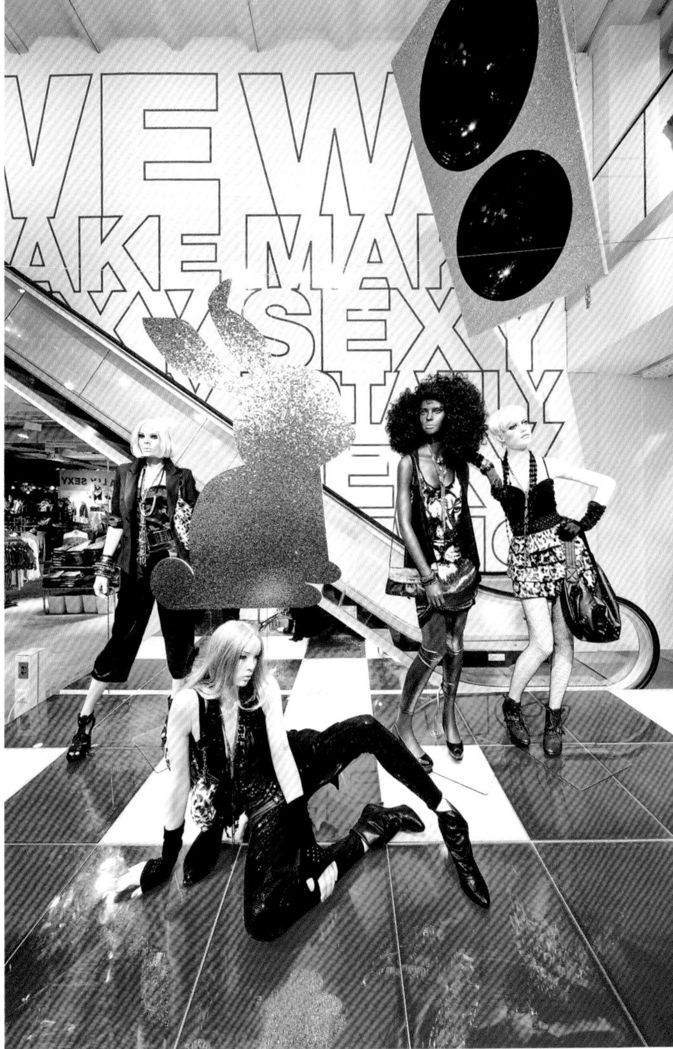

翻转色彩：楼梯间、局部区域T台的色彩与空间背景色截然相反。性感的摩登女郎，其曼妙的身姿、丰富的表情都非常引人注目。那一抹经典的黑色让原本梦幻的空间有了一丝硬朗，成为整个空间的点睛之笔，让新品服饰格外抢眼，从而提高了销售率。在这里，背景色和点缀色好比是镜像处理，实现了色彩与空间的相对均衡。

元素统一： 细心者会发现，粉红色的兔子仍旧分布在各个区域、角落中，有时以群体形式出现——大面积的兔子图案贴于座椅靠背和玻璃上；有时以成双成对的陈设饰品形式出现，与售卖的服装摆放在一起。主题色彩贯穿整个空间，元素统一是空间设计的法宝。

简即是繁： 设计应该多关注平时认为不是非常重要的空间，才能真正彰显设计功底。设计师以黑色镜面抛光玻璃和灰色地面及沙发打造这个试衣过道，镜面和地面构成了简约的空间背景，空间在它们的相互折射中变得时尚摩登。

十六、同色系渐变配色技巧

项目名称	中洲中央公园二期 12-A01 户型样板房	设计机构	KSL 设计事务所
风 格	新古典主义风格	撰 文	夏扶摇

设计概述：

如沐一曲悠扬的钢琴乐，温馨浪漫的气息在这间新古典主义风格的样板房中弥漫开来；那是华美的水晶灯、精致的茶盏、清新的沙发共同烘托的美好氛围，更是清丽的湖蓝色、雅致的赤紫色、高贵的金色所营造的空间意蕴。从空间架构到软装配色，设计师都拿捏得十分精准，浪漫而不矫情，以细腻的笔触彰显出美学品位和文化追求，更诠释着闲适恬淡的生活方式。

渐变色彩架构：新古典主义风格推崇尊贵华丽，空间中都是浅色调，以白灰色打底，空间清新洁净。色彩搭配考验了设计师的功底。客厅由相同色度的孔雀蓝抱枕、灰蓝色沙发、赤紫色地毯组成，整个空间显得轻盈无比、高贵典雅。为了凸显尊贵感，设计师在茶几桌脚、角几中巧妙地加入了金色元素，使华丽的金色在一片轻盈浅淡的主题色彩中显得尤为突出，尽显尊贵。

点睛之笔配色技法：黑边白底的新古典餐椅气场十足。餐厅延续客厅的轻盈典雅，宝石蓝鸢尾花赫然屹立于餐桌中间并成为点睛之笔，在一片白色背景中显得尤为醒目。同色系的餐巾和戒环式餐巾扣共同构成了餐桌的色彩联络，就好像片片散落的美丽花瓣。

家具与硬装的色彩呼应：家具的香槟色由电视背景墙引色而来，在一片白色墙板和顶面的衬托下尤为雅致。床上摆放着深蓝色和湖蓝色两种抱枕，一袭深蓝色床旗将那份典雅贯穿到底，清新的更清新，尊贵的更尊贵；这种深浅对比的效果，让两种色彩都展现了各自的美好。

冷热色调组合： 卧室除了以其他空间惯用的湖蓝色作为抱枕和窗帘的点缀色外，还加入了深紫色抱枕与棕褐色床头灯；紫色抱枕和糖果色靠背组成一个整体，串联着台灯和窗帘。整体空间显得庄重高雅。

点缀色协调： 公主范儿的空间以粉色墙为背景，大红色丝绒床头靠背和抱枕、窗前摆放的大红色沙发椅都是对公主气质的进一步诠释与提升，墙上悬挂的装饰画使空间朝气蓬勃。值得一提的是，窗帘并没有延续红色系，而是依旧沿用公共空间的蓝色，这一抹恰到好处的点缀色让卧室显得清新淳朴。

第五章

软装配色灵感来源速查

第五章 软装配色灵感来源速查

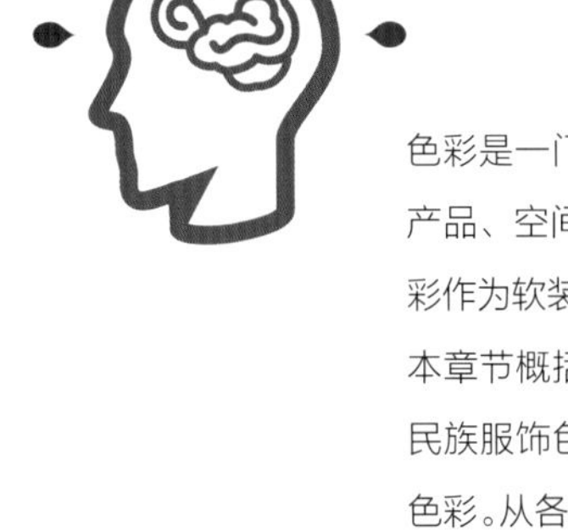

色彩是一门讲究的学问，其辐射范围广泛，包括服装、产品、空间、妆容等。以天然淳朴或经过岁月洗礼的色彩作为软装配色的灵感来源，可以达到事半功倍的效果。本章节概括了七大色彩主题：动物色彩、儿童画色彩、民族服饰色彩、国旗色彩、纹样色彩、植物色彩、景观色彩。从各个领域中撷取精彩的配色模板，进行解析点评，并运用于软装配色中，从而使各种色彩搭配碰撞出新的火花。

本章节共 152 个案例，其中动物色彩案例 26 个，儿童画色彩案例 4 个，民族服饰色彩案例 26 个，国旗色彩案例 7 个，纹样色彩案例 58 个，植物色彩案例 17 个，景观色彩案例 14 个。每个案例中的色彩构成以配色图形的方式加以展示，并标注该色彩的编号，方便设计师快速查找。

如果对色彩有所研究，便可发现，在千变万化的色彩中，除了红、橙、黄、绿、蓝、靛、紫外，还有上千上万种等待挖掘。比如，红色可分解成粉红色、大红色、酒红色、玫红色；绿色可分解成草绿色、鲜绿色、嫩绿色；蓝色可分解成天蓝色、深蓝色、湖蓝色等。当红色遇上蓝色，它是鲜艳活泼的；当红色遇上黑色，则变得冷艳神秘。同一种色彩，与不同的色彩相结合，形成的效果也是千变万化的。长期以来，室内设计类图书大多罗列各种空间设计案例，对色彩搭配进行简要的概括，但是这样限制了灵感来源的范围。本章节通过对色彩主题的概括归纳，再次展示和说明了要成为一名优秀软装设计师，不仅需要懂空间，还要懂服饰、大自然、画品等。软装设计师应该是博学的，正所谓“集万千精华于某一空间”，从而营造一个个宜居宜人的空间场所。

一、动物色彩

1. 万物回春

灰色背景下，一只象征生命力的鸟儿突然起飞，蓝色翅膀瞬间使背景明亮起来，由脊背至头部渐渐变幻为绿色与红色，这三色组合将春天的气息蔓延开来，极具生命力。

适用空间：朝气蓬勃的青年空间、快乐的儿童房。

2. 梦幻童话

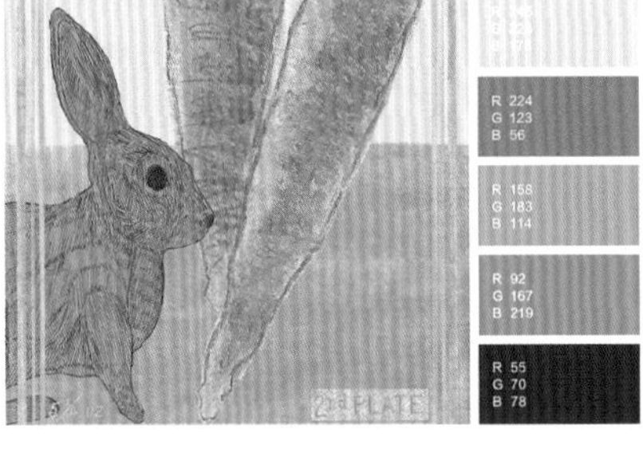
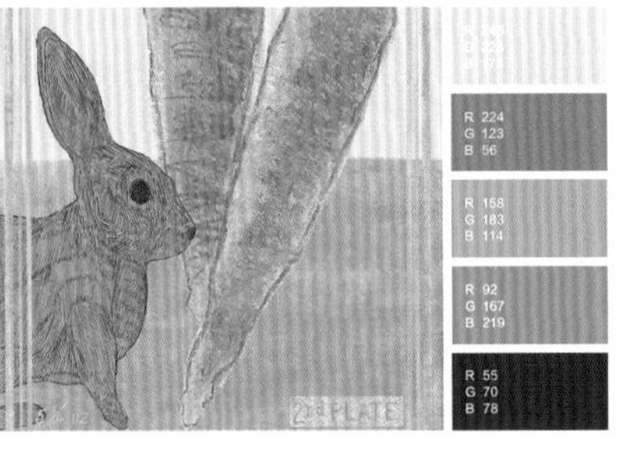

这幅画面中，蓝色兔子的眼睛是灰黑色的，青色的草地背景配以两个红橙色胡萝卜，远处的天空是与胡萝卜颜色相近但偏浅的肉色。蓝色兔子打破了以往人们对兔子色彩的印象，胡萝卜的体积与比例也较日常偏大，导致整个画面充满超现实色彩，如同一个梦幻童话。

适用空间：活泼明朗的儿童活动室。

3. 神秘猎人

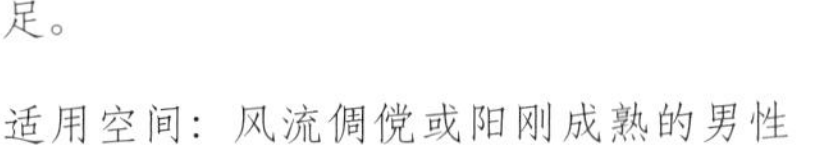

这是一个充满神秘感的鸟类图腾，箭杆标志与羽毛图纹将大自然的野性彰显得淋漓尽致。深沉的咖啡色、黯淡的蓝色、朴实的土黄色都属于暗色系，三色交叉，进一步凸显了神秘内敛的特质，再结合鸟类图腾的造型特征，整个画面野性十足。

适用空间：风流倜傥或阳刚成熟的男性卧室。

4. 重叠

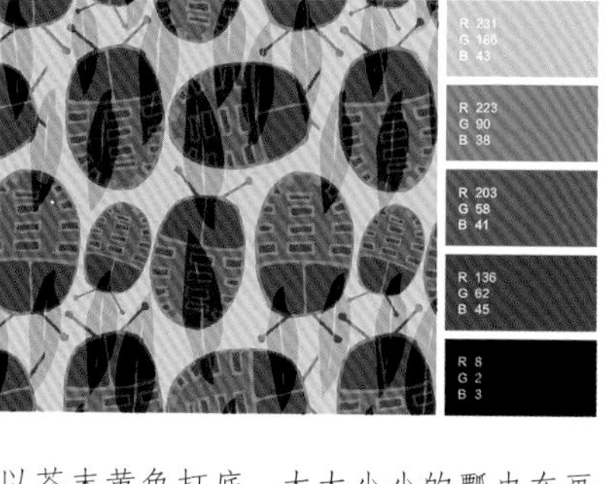

以芥末黄色打底，大大小小的瓢虫在画面中若隐若现。红褐色、红橙色、黑色、咖啡色的复古经典组合，通过重曝使黑色与咖啡色色块不时地重叠于瓢虫身上。虽然整个画面的色彩厚重沉稳，但其视觉效果却轻盈活泼。

适用空间：增进食欲的餐厅、复古时尚的卧室。

5. 蝴蝶魅惑

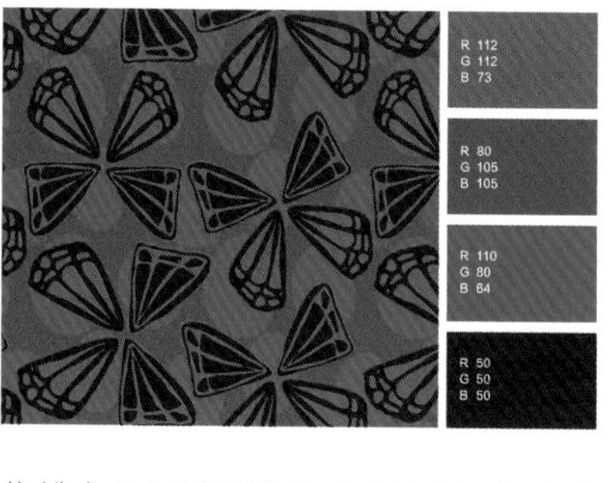

蝴蝶本是浪漫清新的动物元素，但在这张图中，由暗绿色和黑色组成的蝴蝶元素洋溢着丝丝魅惑气息，这两种色调与蓝灰色背景相结合，营造了神秘的氛围，给自由轻盈的蝴蝶增添了几分魅惑之美。

适用空间：浪漫神秘的酒店空间、魅惑内敛的住宅。

6. 甜蜜情缘

玫红色背景极具视觉冲击力，扑面而来的甜蜜气息将人的情绪迅速调动起来。画面正中以黑色线条描绘的圆圈、爱情树和鸟儿的翅膀，恰到好处地突出了视觉焦点，重新将观看者的注意力拉回了画面主题。爱情树与鸟儿身上的点缀色统一采用了红色与青色，带有强烈的喜悦感和鲜活的生命力。

适用空间：甜蜜温馨的新婚房。

7. 霸气

乌云笼罩的天空下，一只凶猛的狮子正张口咆哮，棕黄色的皮毛与乌黑色的天空相衬，营造了凝重肃穆的氛围，原本温暖内敛的棕黄色在如此的色彩搭配下，体现了霸气的一面。

适用空间：庄重沉稳的男性卧室、严肃内敛的书房。

8. 傲骨柔情

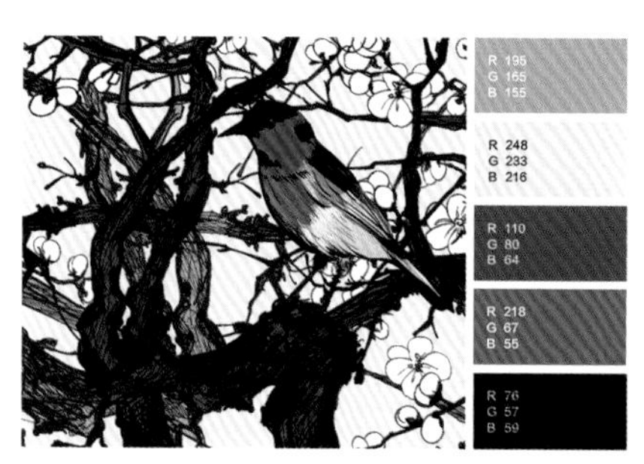

冷色系的背景中，一棵开满白花的黑灰色树木撑起了整片天空，完美地展现了冬日的寂静寒冷。但在这份充满寂寥感的柔情画意中，一只红黑白色相间的鸟儿屹立枝头，极有力度地与清冷的冬日相抗衡，惊艳四方。

适用空间：艺术气息十足的艺术空间、知性女子的卧室。

9. 吉祥如意

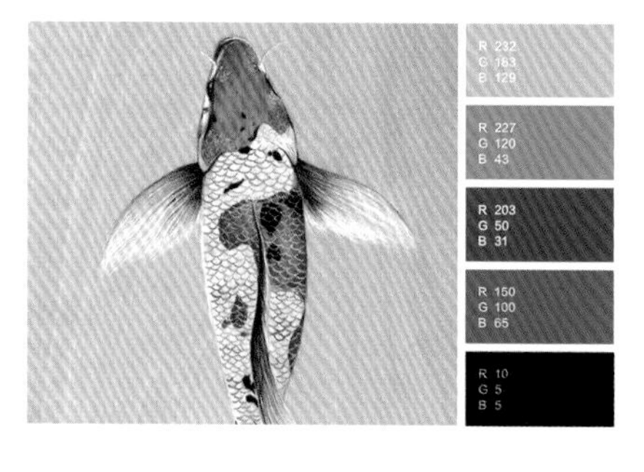

浅橘色背景将温暖愉悦的气息散布于画面中，一条橘红色与黑色相间的鲤鱼悠然游弋于其间。色彩比例恰到好处，鱼身以橘红色为主，夹杂零星的白色鳞纹和黑色点缀，两翅采用橙色与暗白色的组合，既呼应了背景，又延伸了鱼身主色。整个画面的寓意颇为吉祥。

适用空间：新中式公共空间、中式会所。

10. 高贵典雅

繁复的花朵图纹隐约地浮现于浅色背景上，一只姿态高傲的孔雀出现于画面正中，以深色调点缀全身，彻底抢夺了视觉焦点。这只孔雀以宝蓝色和翡翠绿色为主调，分不同的层次由头至尾蔓延，结合繁复的图纹，将高贵典雅的气质展现得淋漓尽致。

适用空间：古典住宅、优雅高贵的女性卧室、具有传统民族风情的空间。

11. 强者风范

从豹子身上寻找灵感，可发现其橙黄色与黑斑相结合的皮毛特别强势锐利，因此无论是服装、包还是空间中，豹纹元素都很常见，且颇受强势霸气的人群欢迎。橙黄色、黑色、绿色的色彩组合洋溢着极具张力的野生气息。

适用空间：亲近大自然的住宅、运动感极强的男性卧室。

12. 跳跃感

R 104
G 150
B 104

R 240
G 240
B 233

R 157
G 116
B 131

R 98
G 96
B 101

优雅的浅紫色背景中，出乎意料地加入了与其气质相反的色彩：明朗的黄色、鲜活的绿色、纯净的白色、低沉的灰色。以蜘蛛形态分布颇具趣味性，冷暖色的错落组合也带来了跳跃的视觉印象。

适用空间：动感时尚的青年空间。

13. 异域风

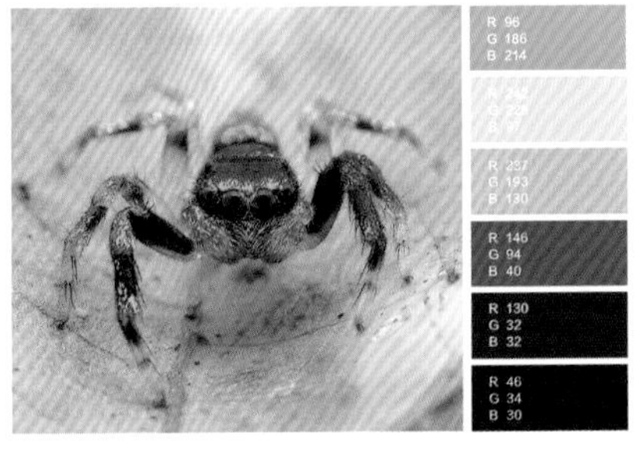

这是一只拥有非凡外表的蜘蛛。黑色身躯上布满荧光蓝色的点缀，头部另由红褐色、棕色点缀，如同来自外星的生物，让人浮想联翩。

适用空间：科幻色彩浓郁的空间、都市夜生活气息十足的空间。

14. 纯净温顺

北极熊的温顺气质主要来自它们给人的第一印象：雪白色的毛皮、黑眼珠和黑鼻头。雪白色毛皮与北极洲的白色天空和清澈冰水完美融合，塑造了极为纯净的视觉印象，唯一的黑色点缀成了若有若无的装饰色，却巧妙地提升了局部气质。

适用空间：纯净无邪的住宅、现代时尚的商业空间。

15. 清新趣味

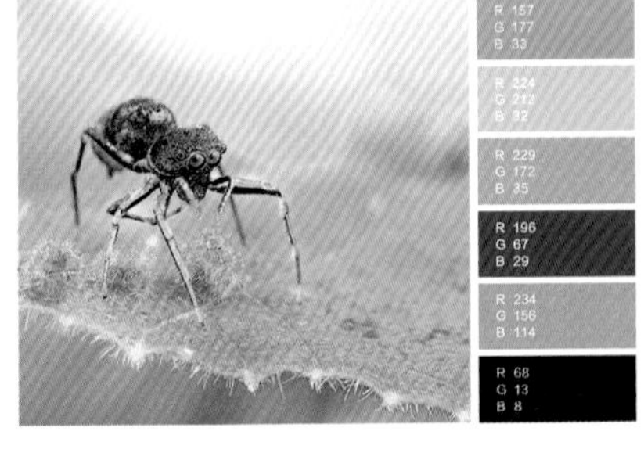

清新的青草地上出现了一只模样怪异却毫无违和感的动物。这种效果的营造，全凭它身上缤纷绮丽的色彩组合：由荧光黄色和黑色组成的腿、黑眼珠、绿色头部、由红橘粉青绿色组成的身躯，完美地融入清新的环境中。

适用空间：清新自然的人文空间、缤纷绮丽的少年空间。

16. 异想天开

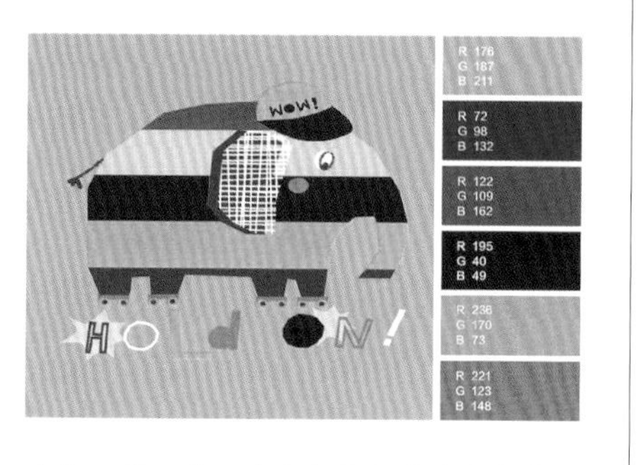

由红、橙、蓝、白色条纹组成的大象体现了设计师的想象力，这四种色彩的组合为原本憨厚的大象添加了几分活泼与情趣。浅蓝色的大背景容纳了全部色彩，整个画面看上去极为和谐。

适用空间：天真活泼的儿童房、动漫涂鸦风格的公共场所。

17. 丰收喜悦

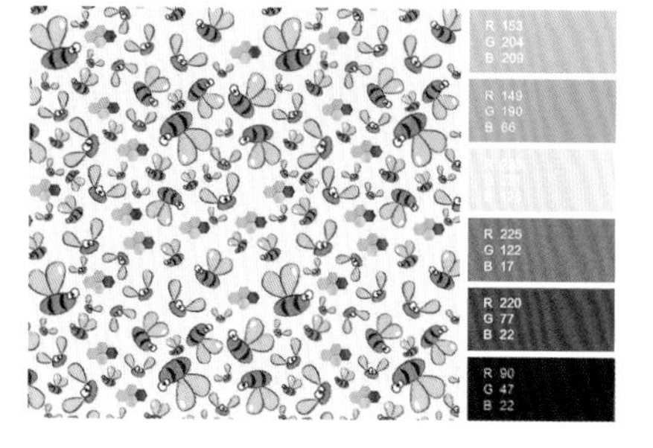

平铺的橙色小蜜蜂带给人充实富足的心理感受，小蜜蜂由浅蓝色翅膀、橙色身躯、黑色斑纹组成，活泼中带着轻盈。浅黄色背景进一步渲染了喜悦的情绪，而红蓝绿黄四色格子图纹作为环境色穿插其中，有效避免了视觉的单调贫乏，起到了很好的烘托作用。

适用空间：明朗愉悦的少年空间、卧室。

18. 幸福感

这是一只寿星猫，其白色脸孔上加入了黄色桃心眼镜框和蝴蝶结，玫红色与青蓝色相结合的领结、头冠刚好呼应了青色瞳孔，传达出幸福愉悦的情绪。粉红色舌头和鼻尖进一步塑造了白猫亲切的形象。

适用空间：幸福甜蜜的情侣卧室、梦幻甜美的女孩房、亲切愉悦的甜品店。

19. 时尚动感

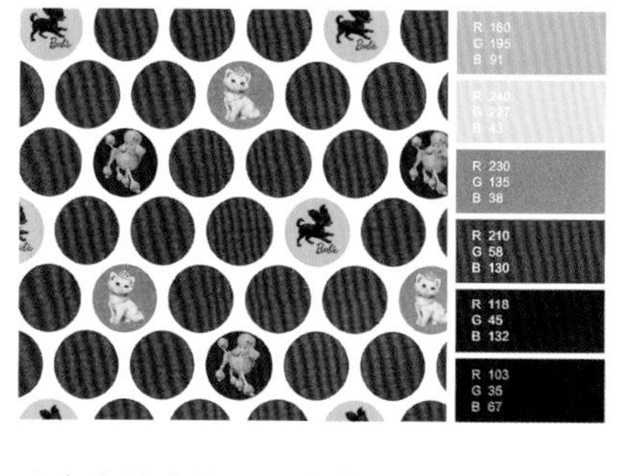

白色背景中填满的紫色圆圈，为画面铺垫了极为时髦的主色调。圆圈的排列营造了动态的布局，紫色圆圈中穿插了放有黄色猫咪、深紫色小犬、粉红色绵羊的橙色、青色、蓝紫色圆圈，活泼的动物姿态进一步营造了动态的视觉印象。

适用空间：波普时尚风格空间，活力十足、朝气蓬勃的酒店或住宅。

20. 清爽夏日

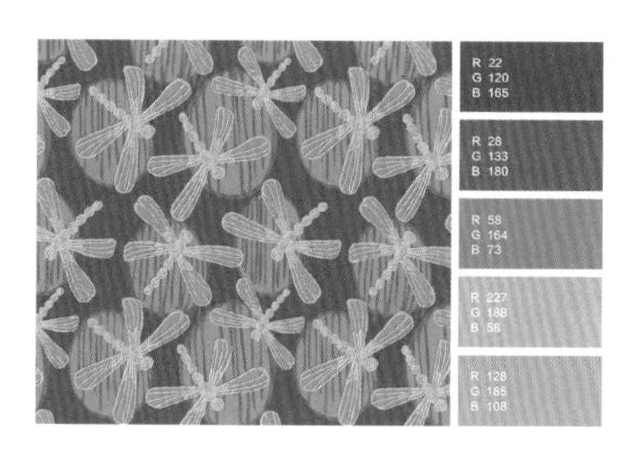

蓝色背景犹如一片清澈的湖水或者一片明丽的天空，青色和黄色组成的蜻蜓飞翔其间，蜻蜓的轻盈姿态与清新舒畅的蓝色、青色、黄色相结合，瞬间把人拉回到那个清爽的夏日，代入感十足。

适用空间：清爽大气的男孩房、儿童活动室。

21. 冷艳

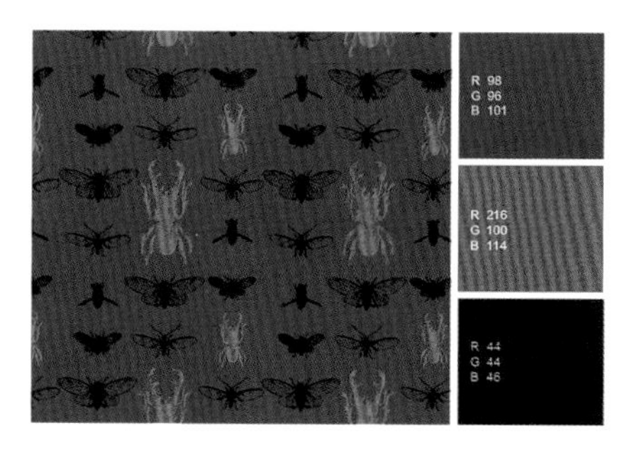

这是一幅集合了多种昆虫的图样，灰色背景中点缀着黑色的小昆虫，而大只的昆虫则用玫红色标注。玫红色、黑色、灰色的色彩组合无疑是高雅冷艳的。

适用空间：冷艳性感的女性卧室、高贵优雅的酒店。

22. 公主梦

画面中这只佩戴皇冠的鹅是动物世界的公主，金黄色的皇冠与长长的喙相配，而全身不同层次的粉红色深深浅浅地浮现，与周边的粉红色、深紫色、红色、绿色、蓝色相呼应，共同营造了梦幻般的公主世界。

适用空间：甜蜜梦幻的女孩房。

23. 骄傲的皇后

如果说粉红色象征着大多数女孩的梦幻情怀，那么这幅由黑色、橘色、玫红色、蓝色、青绿色组成的繁华图景则彰显出气质骄傲高贵的皇后形象。冷暖色调的恰当组合一定是华丽惊艳的。

适用空间：典雅高贵的女性卧室、具有传统民族风情的空间。

24. 飘逸感

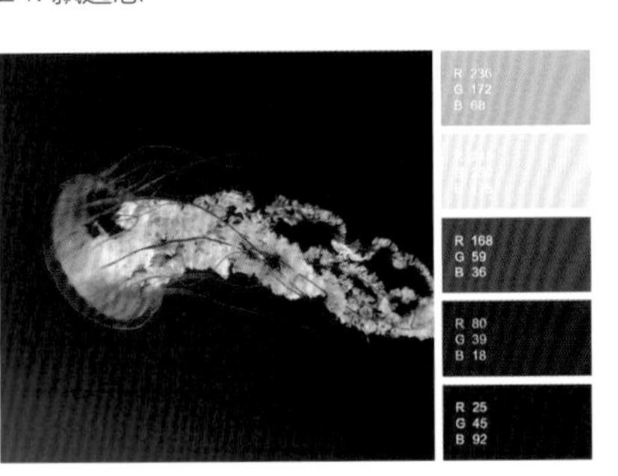

背景中不同层次的深蓝色营造了深邃神秘的视觉印象，深蓝色可以是夜空也可以是海洋，而这个由白色和棕黄色组成的水母展现出的飘逸姿态正好与背景相融合，兼具飘逸感和洒脱感。

适用空间：深邃神秘的男性卧室、高端大气的公共空间。

25. 宁静平和

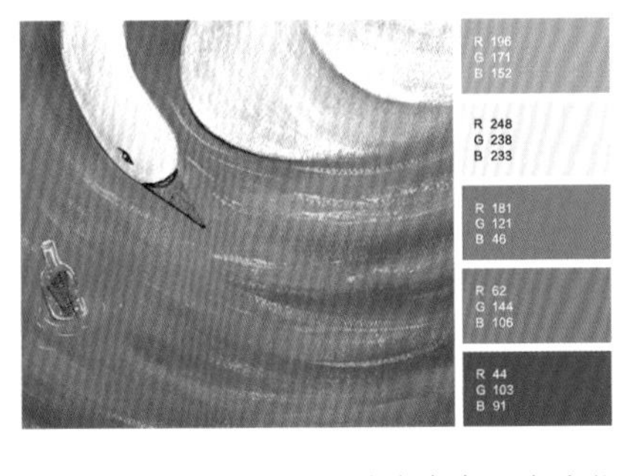

青蓝色的湖水上，一只装有牛皮纸的透明许愿瓶随波漂流，巧遇在此游荡的白鹅。这画面不免令人心动，人的愿望和动物因缘际会，白色、青蓝色、棕色、透明色的色彩组合，使画面洋溢着宁静平和的气息。

适用空间：自然清新的人文风格空间、极具文艺范儿的客栈会所。

26. 嬉皮玩世

灰色具有嬉皮、活泼的喜剧情调，这幅图以灰色为大背景，而猩猩、椰子树、滑板、水花、字母都采用了极浅的色调，灵动轻盈而不单调乏味。

适用空间：清新的雅痞风格空间。

二、儿童画色彩

1. 繁荣富贵

橘红色的大花占据了画面的上部和下部，饱满的姿态搭配暖色调，显得韵味十足。深蓝色的叶子绽放开来，连接两朵花之间的空隙。金灰色的背景也为整幅画面增添了华丽感。

适用空间：奢华典雅的大宅、大气高贵的酒店或餐厅。

2. 撞色

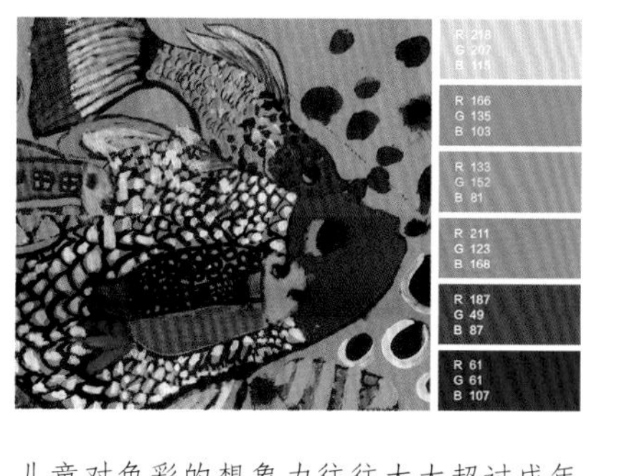

儿童对色彩的想象力往往大大超过成年人，这幅双鱼嬉戏图以浅咖色为背景，画面留白处点缀了黑色图点，进而将黑色延伸至鱼身条纹边框中，构建出清晰的框架。粉红色、玫红色、深蓝色、青色、绿色陆续爬满鱼身。各种色彩的碰撞打破了成年人对鱼儿的普遍想象。

适用空间：具有异域风情的空间、儿童活动室。

3. 温馨友爱

热情的红色与鲜嫩的绿色作为画面的背景色，创设出喜气洋洋的基调。图中人物以简笔形式勾勒出黑色的眼睛和头发，蓝色、粉红色、红褐色的衣服恰到好处地与背景色相结合，这三种色彩既点缀了画面，又展现了其青春时尚的一面。

适用空间：传统喜庆的空间。

4. 和谐城市

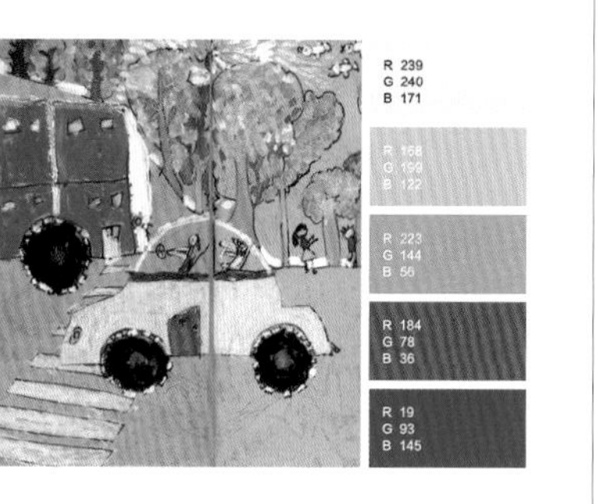

新蓝色公共汽车与淡黄色私家车均采用了红、黑两色车轮，打破了日常生活中交通工具色彩的单调贫乏。作为背景色的淡绿色与橙色、褐色树木相结合，体现了儿童对和谐城市的憧憬。

适用空间：清新时尚的现代都市风格空间。

三、民族服饰色彩

1. 都市雅痞

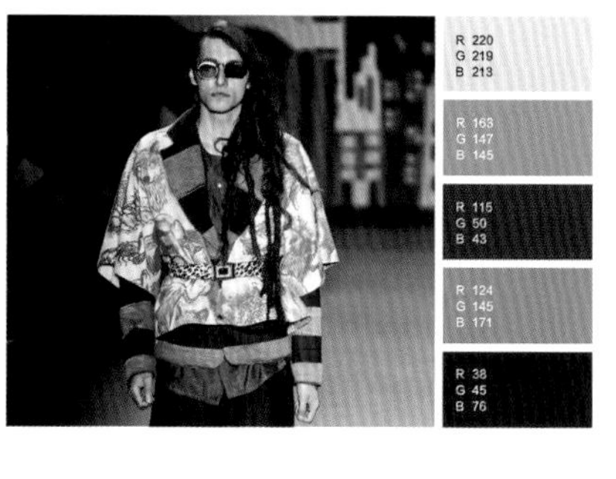

这款男装以银灰色衬衫打底，深浅灰蓝色条纹外套居中，外穿灰色动物图纹点缀的白色短外套，再配以豹纹腰带和黑色长裤。整体搭配时尚气息十足，优雅中带着不羁，尽显都市雅痞风范。

适用空间：现代雅痞风格空间、LOFT 风格空间。

2. 时尚复古

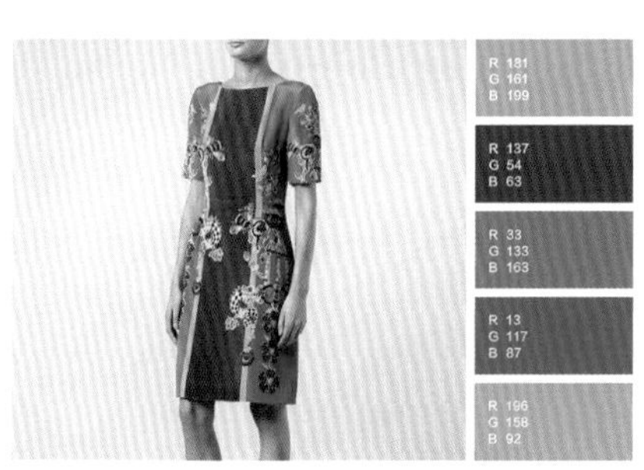

这件连衣裙的款式沿袭了 20 世纪中国女装的典雅之风，以复古的青蓝色和砖红色为裙身主调，花朵图纹则采用金色、绿色、红色和浅紫色，将朴素的底色装点出花枝招展的效果，整件连衣裙看上去复古而不失时尚。

适用空间：中式空间。

3. 画家气质

简单朴素的灰色针织衫上布满不羁的色彩涂鸦：蓝、红、橙、黄、绿、紫色好像被一道道分解的彩虹，以不规则布局方式覆盖全衣，打底的白色衬衫也遵循同样的色彩点缀原理，下装则搭配简单的黑色西裤，画家气质十足。

适用风格空间：奔放狂野的男孩房、当代波普艺术风格空间。

4. 原始气息

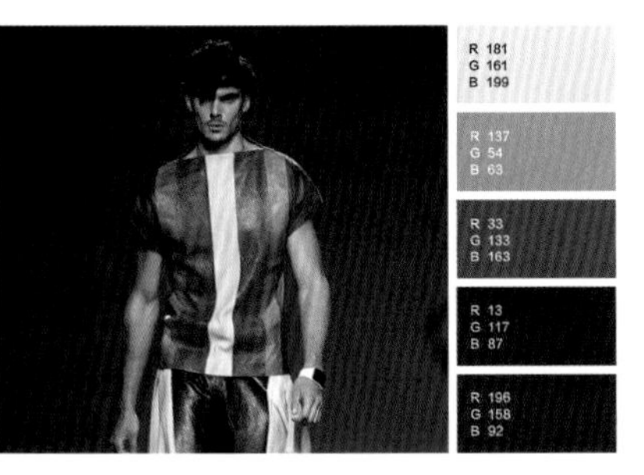

这套男装上衣采用了黑色、咖啡色、棕色、白色相结合的色彩条纹，下装是深咖啡色和白色组合的皮裤，皮革材质令这几种色彩更显深沉粗犷，原始野性的气息扑面而来。

适用空间：质朴自然的原生态空间、沉稳庄重的老人房。

5. 华丽尊贵

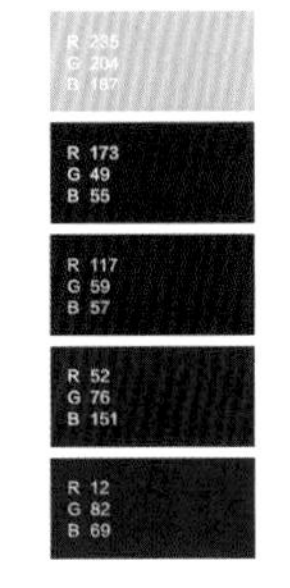

亮紫色作为裙身底色，彰显出尊贵典雅的气质。金色、红褐色、蓝色、绿色图纹进一步凸显了裙子的华丽贵气，而零星的白色则适度缓和了奢华隆重的效果。

适用空间：新奢华主义空间。

6. 亲和柔软

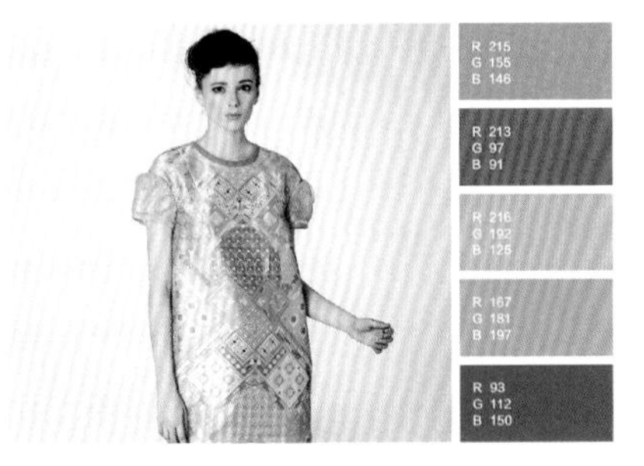

丝绸材质令这件裙子看起来柔软舒顺，肉粉色进一步加强了这种柔顺感。柔和的浅橘色、浅红色、浅蓝色、浅青色，在温暖明朗的基础上营造了亲和轻盈的效果。

适用空间：温柔亲切的婴儿房、少女房。

7. 奢华感

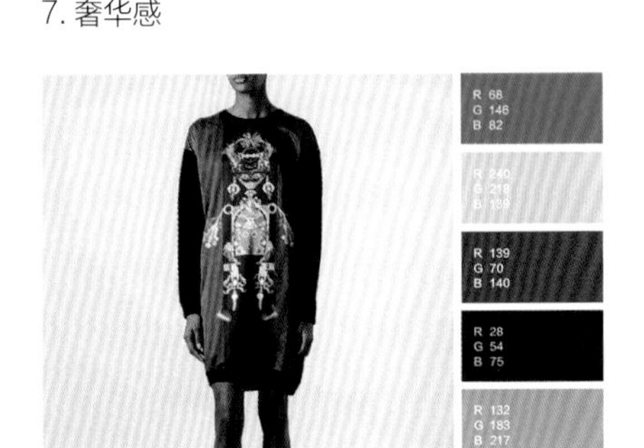

这件裙子以奢华绮丽的紫色为主调。作为第二点缀色的黑色和黑蓝色与主色紫色相呼应，极具视觉冲击力。绿色、蓝色、白色、咖啡色作为点缀色，避免了色彩的单调艳俗，真正实现了低调的奢华。

适用空间：成熟魅惑的女性空间。

8. 北欧风情

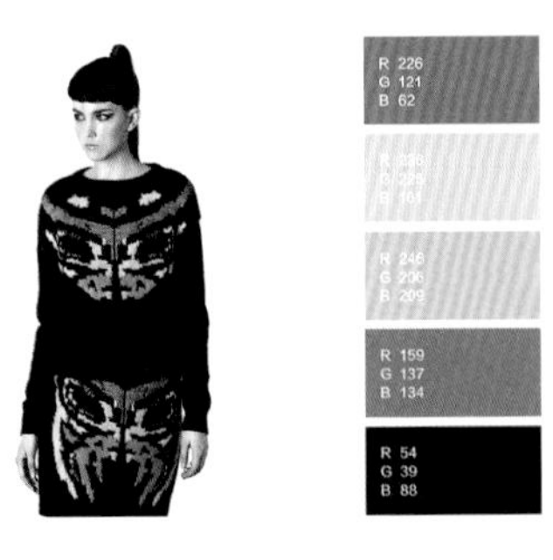

大面积的深蓝色带来了深邃的视觉印象，橘色与深蓝色的组合，多了几分时尚气息。作为其他点缀色的粉红色、黄色、灰色，都统一采用了浅色调，用来柔化深色调的蓝色和橘色，深浅搭配得当，用色有进有退，完美地营造了北欧风情空间。

适用空间：个性高贵的北欧风格空间。

9. 晕染的梦

米白色钩花毛衣显得宽松大方，其本身也象征着轻松休闲，而如同晕染般的浅橘色、浅绿色、浅蓝色作为条纹点缀色，起到了点睛的作用，增强了整体的梦幻感。

适用空间：远离城市的乡村风格空间。

10. 动感男孩

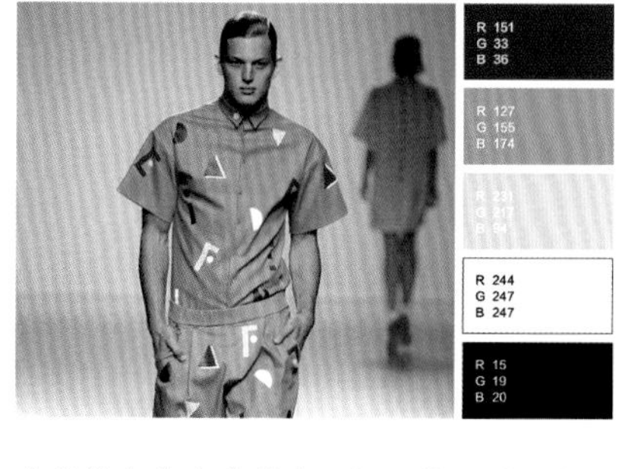

中性的灰蓝色背景中，红、黄、黑、白四色作为字母、三角形图纹的装饰色，以非常规的形态分布在衣袖、衣领、衣身、裤子上，活泼灵动，使整体画面颇具动态效果。

适用空间：阳光成熟的大男孩卧室。

11. 冬日暖男

R 138
G 46
B 65
R 213
G 34
B 63
R 71
G 25
B 32
R 41
G 35
B 45

点缀着黑点的红褐色大衣给人的第一印象是亲切温馨，内里搭配稍轻浅的砖红色，最后以热情的枣红色打底。不同层次的红色交叉呈现，让本就热情的红色显得更有张力，为男性气质找到了一种新色调。

适用空间：热情稳重的男性卧室。

12. 简约时尚

由黑、白、咖色组成的格纹展现了现代都市的简洁大气，以黑色打底加强了中性色的内敛；灰色和豹纹色的搭衬，进一步凸显了简约中性的时尚气质。

适用空间：理性内敛的商务空间、大气简约的住宅。

13. 现代吉卜赛

这件无袖外套分为两部分：一半是军绿色无花纹布料，上面缀有黑色绒毛与黑色皮口袋，与衣领的黑色绒毛相呼应；另一半则是迷彩色图纹布料，彰显出奔放桀骜的气质。作为点缀的橙色皮带，很大程度地点亮了视觉印象。这一色彩组合兼具吉卜赛气质和现代都市风范。

适用空间：浪漫奔放的民族风格空间。

14. 印花风采

以灰白色为底色且涂抹咖啡色、棕色的印花，看上去大气且富有艺术效果。打底衫的灰色作为点缀色，也不会与另外三种色彩起冲突。四种色彩共同展示了张弛有度的新时代男性气质。

适用空间：低调奢华的空间。

15. 流动的思绪

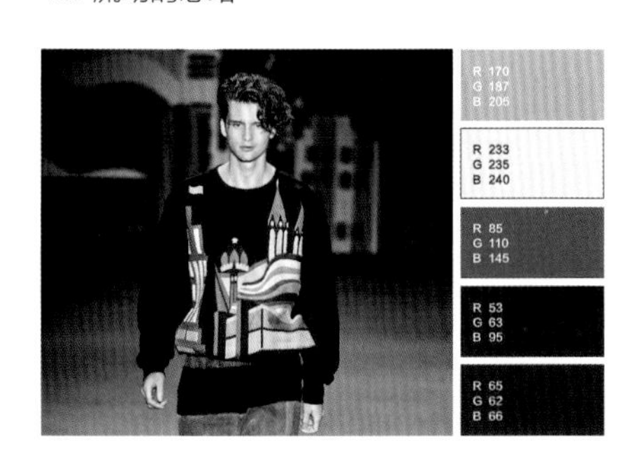

蓝色被分成深蓝色、蓝灰色、浅蓝色，集合了冷静、深邃、轻盈等特质，结合具有童话色彩的图形，让思绪自由舒展，让思想尽情驰骋。

适用空间：简单素雅、冷静中性、自由平静的 LOFT 空间。

16. 未来感

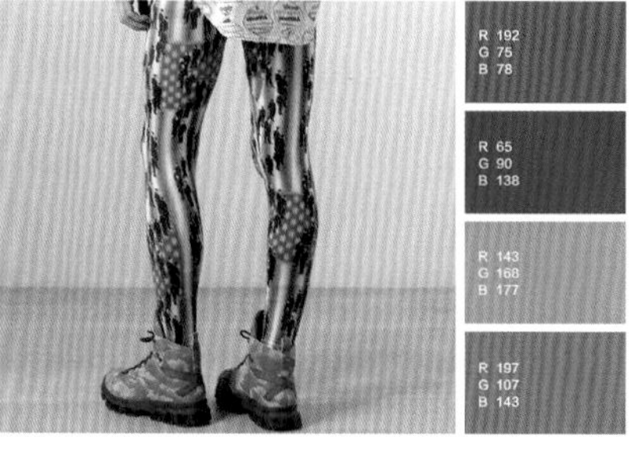

枣红色条纹似一道光穿过人群，众多穿黑色正装的男士图案有序排列，如同科幻电影中的场面，看上去未来感十足。蓝色色块的加入，为这份未来感增添了几分纯净。

适用空间：科幻活动空间。

17. 经典配色

黄色与绿色是经典的配色组合，这两种色彩青春明朗，再加上黑、白两色的烘托，显得更加大气时尚。黄色色块中加入蓝灰色与暗红色的组合，在经典中有所创新，不失为一个好策略。

适用空间：青春活力的男孩房。

18. 单身贵族

白色和乌金色的组合兼具干净清爽与时尚华贵，颇受都市单身贵族的欢迎。手包上温暖沉稳的咖啡色与质朴的浅米色组合则从侧面塑造了踏实成熟的形象。

适用空间：现代都市风格空间。

19. 温暖不羁

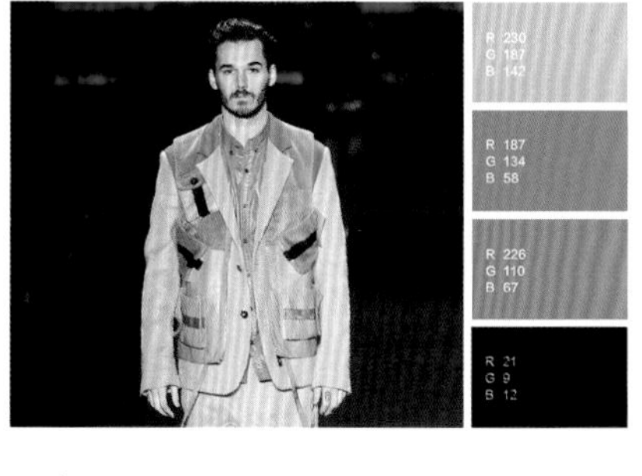

肉色西装拥有强烈的亲和感，衣领和口袋处的姜黄色与黑色的绒毛装饰加强了温馨感。橘红色既是口袋边线，又是内衬搭配。亲和温馨的空间气质，为新时代暖男做了一番新诠释。

适用空间：温馨的家庭住宅、新时代暖男的卧室。

20. 天真柔媚

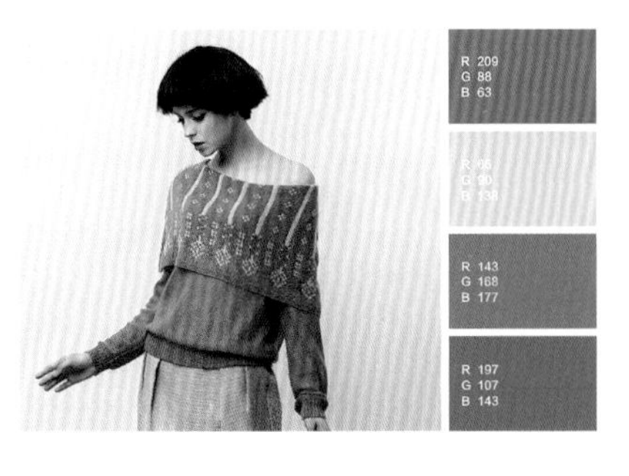

梦幻般的橘色拥有天然的率真与柔媚的美感，与素雅的米色搭配，展现了少女的轻盈妩媚。蓝灰色的加入更平添了几分纯净。

适用空间：纯真少女的卧室、极具文艺范儿的空间。

21. 不老青春

棕黑色与黑色作为主调，体现了成熟稳重的男性形象。然而，一条由黑色、宝蓝色、浅蓝色组成的印花围巾，显露了男性不老的心灵；蓝色作为年轻的色彩，洋溢着浓郁的青春气息。

适用空间：成熟却不失活力的男性空间。

22. 魔幻北欧

这件毛衣的图纹极具北欧风，色彩也颇有几分魔幻感。以中间的绿色为点，切割为深绿色与浅绿色，点缀中部、腰部和衣袖线条，整个画面极具生命力。红褐色承接绿色与黑色，凸显了温馨的质感。黑、白、灰色作为两边衣袖色，既时尚又大方。

适用空间：北欧风格空间。

23. 波西米亚

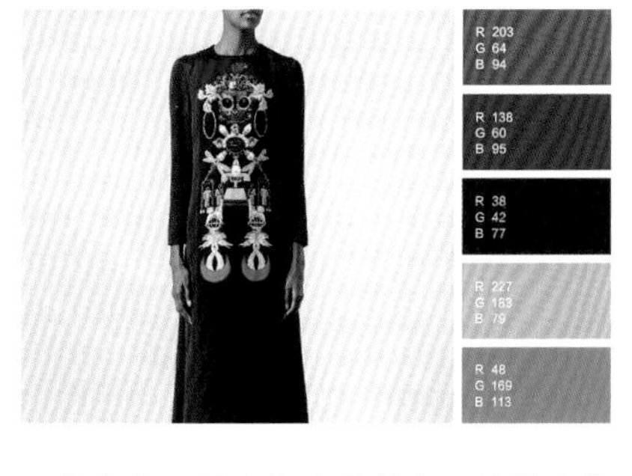

深紫色与深蓝色作为背景色，展现了特殊的神秘与深邃，印在深蓝色面料上的图纹异域风情十足，让人联想到热情奔放的各族人民。由玫红色、绿色、姜黄色构成的图纹灵动活泼，极具张力。

适用空间：异域风格空间。

24. 温顺憨厚

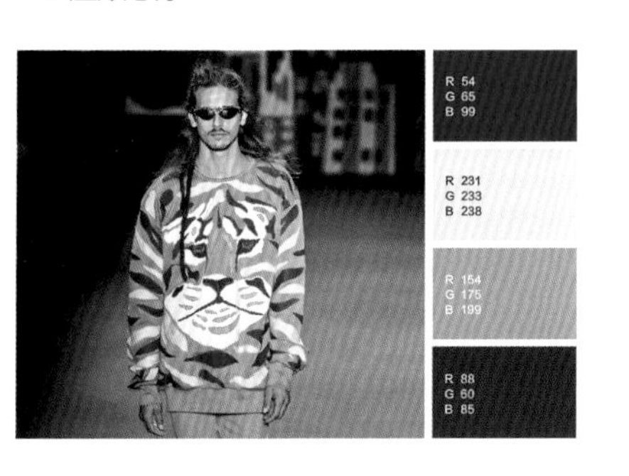

浅淡的青蓝色将人的情绪彻底放松下来，流动的深蓝色与白色色块加强了这份悠然。褐色作为点缀色，既烘托出冷色调的简洁宁静，又展现了自身的憨厚踏实。

适用空间：宁静平和的卧室。

25. 贤淑端庄

水蓝色、湖绿色与深色条纹为整体画面铺垫了贤淑端庄的基调，在此基础上，设计师保留了纯色的空白，并在深色条纹上加入了由金色、红色、粉色、黑色组成的繁复图纹，丰富了画面的视觉感受。

适用空间：典雅端庄的女性空间。

26. 自信大方

玫红色、深蓝色、咖啡色的色彩组合营造出的效果是介于女强人和少女之间的自信大方，柔媚的玫红色、大方的深蓝色、温暖的咖啡色，三者共同塑造了一个知性女性的形象。

适用空间：成熟性感的女性私密空间。

四、国旗色彩

1. 神圣勇敢

黑、红、金色是德意志民族最喜爱的三种色彩，黑色和金色代表神圣的罗马皇帝，这两种色彩的结合彰显出非常阳刚勇猛的气质，加入热情如火的红色，更加强了这份神圣勇敢。

适用空间：热情阳刚的男性空间。

2. 纯洁虔诚

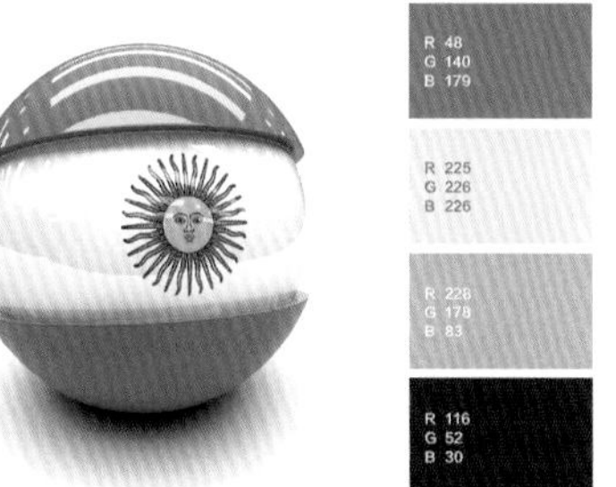

蓝色和白色是两种特别纯洁且虔诚的色彩，阿根廷将其作为国旗主色，为突出纯洁的蓝色，将之分为上、下两部分。中间金黄色的太阳加强了纯洁度与虔诚感。

适用空间：纯净温暖的居室。

3. 十字架

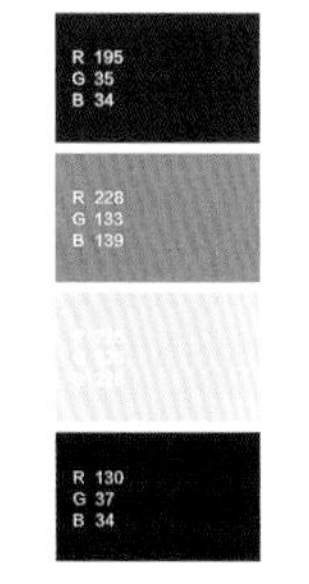

历史悠久的丹麦国旗采用了红、白两色，以白色十字架为分割点，以红色色块为陪衬，宗教气息浓厚，红、白两色的组合也寓意“成功胜利”。

适用空间：热情友好的商业空间、气氛浓郁的住宅。

4. 英伦风范

R 130 G 30 B 32 / R 180 G 31 B 35 / R 223 G 211 B 213 / R 15 G 54 B 135

由深蓝色、红色、白色三色组成的英国国旗，现已被大量运用于室内空间设计中。米字旗象征动感活泼，深蓝色、红色、白色的组合亦具有时尚气息，英国人的优雅绅士风度也在其中活灵活现。

适用空间：英伦风格空间。

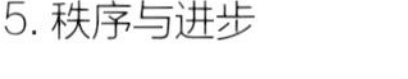

5. 秩序与进步

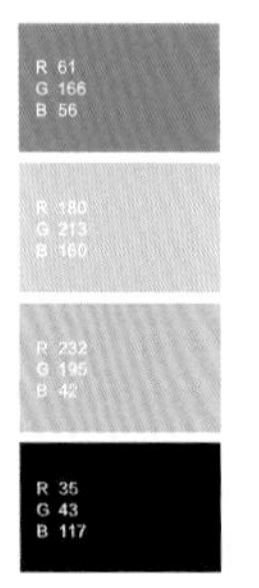

绿色和黄色是巴西的国色，巴西国旗以绿色为底色。黄色菱形为视觉中心底色，其上是蓝色球形、白色条带和小圆点。以层层聚集的设计手法，展现了一种独有的秩序，将人的视线慢慢引向视觉中心。这四种色彩也是积极向上的，具有进步意义。

适用空间：富有活力的运动空间、青春活泼的少年空间。

6. 热情与希望

红色与绿色是葡萄牙国旗的两个主调，绿色象征民族希望，红色象征为民族希望而牺牲的奉献者的鲜血。黄色浑仪和由红、蓝、黄、白四色组成的盾牌作为标志出现在两种色彩的分割点上。这样的色调组合展现出极强的生命力。

适用空间：葡萄牙风格空间，灵动活泼的住宅、商业空间、酒店、餐馆。

7. 人文关怀

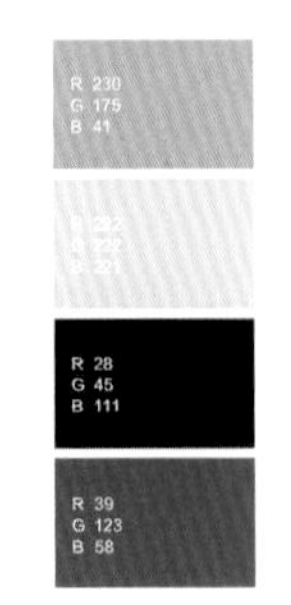

象征无私与勇气的橙色、和平的白色、繁荣的绿色、与时俱进的蓝色共同组成了印度国旗，传达了这个国度对宗教的虔诚和对人类的关怀，具有厚重的理想主义色彩。

适用风格：东方风格空间。

五、纹样色彩

1. 鱼跃海洋

这幅图以浅蓝色为底色，各种鱼儿在画面中跳动，不同的造型与配色，让画面灵动活泼，而浅蓝色作为底色，奠定了清澈平和的基调。鱼身由黑色、橘红色、三色堇色、月亮黄色、天蓝色组成，这几种色彩的共同点是足够纯粹且个性独特。

适用空间：日式风格空间

2. 璀璨梦境

由橘红色、黄色、橙色、黑蓝色组成的纹样如光晕般融化在空气中，带来如梦如幻的视觉效果。暖色调的大面积运用，暗喻这是一个灿烂明媚的梦境，黑蓝色是隐藏于梦中的神秘色彩。

适用空间：梦幻明媚的空间、温馨、灿烂且散发正能量的空间。

3. 青春信号

以红、蓝两色为主调，细分成大红色与粉红色、深蓝色与浅蓝色，采用密集图纹阵列分布的布局方式，四种色彩交叉搭配，将红蓝组合特有的青春活力以层层递进的方式完美地展现出来。

适用空间：青春时尚的少男少女空间。

4. 典雅华丽

靛蓝色作为传统色彩，展现了典雅宁静的气质，掺入的浅蓝色适当柔和了那份庄重，多了几分女性的柔美。金色花轮与蓝色底色的结合，将 20 世纪典雅华丽的气质展现得淋漓尽致，带给人奢华高贵的视觉震撼。

适用空间：华丽奢美的空间、欧式或中式民族风格空间。

5. 酷炫印花

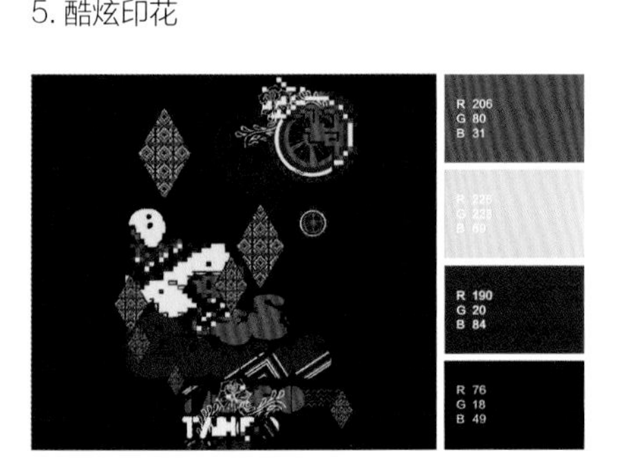

印花作为一种兼具古典与现代风格的图案装饰，不失为一种时尚的表达手法。即便是恐怖的骷髅图形，在紫红色线条的描摹下，也显得酷炫无比。紫红色、橘色、黄色的组合在深紫色背景下洋溢着活泼酷炫的气息。

适用空间：新奢华主义空间、新古典主义空间。

6. 旧时光印记

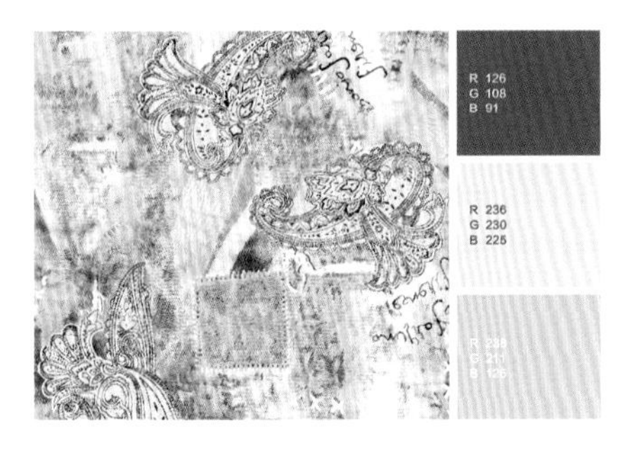

旧地图般的陈黄色与灰白色的结合，使整幅画面充满了浓烈的怀旧感，特别适合念旧的人，在旧色的蔓延下，旧时光的回忆呼之欲出。

适用空间：沉静安宁的空间、悠闲惬意的乡村风格空间。

7. 湖光魅影

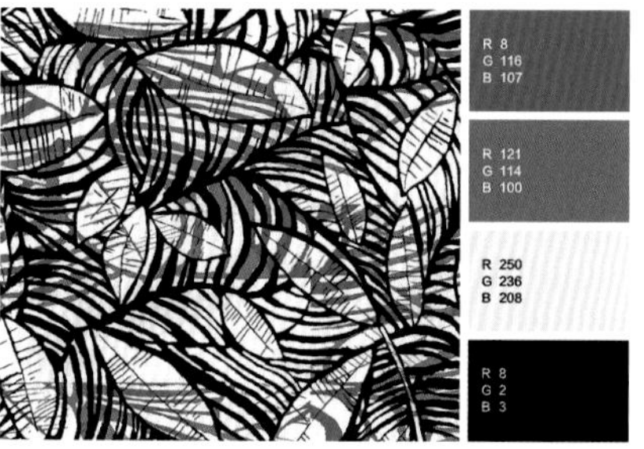

黑、白、灰三色交叉重叠的树叶纹路堆砌出一个葱茏茂盛的夏天，一抹湖蓝色悠然其间，瞬间打破了原有的沉闷，变得清爽不少，营造了一个湖光魅影的世界。

适用空间：清新夏日风格空间。

9. 异域风情

土黄色、湖蓝色、蓝灰色、深紫色的组合运用撞色法则，这种色彩组合多出自具有异域风情的民族国度，结合繁复精致的图纹，营造了华丽的视觉印象。

适用空间：异域风情空间、小资格调空间。

11. 朦胧感

这幅画采用了土黄色、红褐色、浅紫色、水绿色、深紫色，这五种色彩经过杂糅，都“换”上了一套粉嫩的外衣，营造了一种朦胧感。

适用空间：东方人文风格空间。

8. 素面朝天

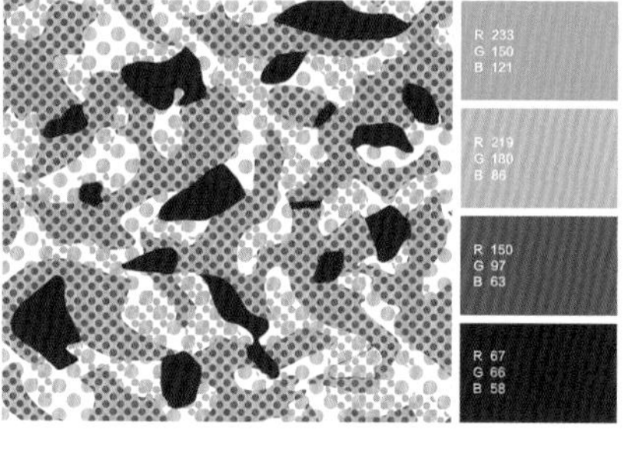

黑色、土黄色、褐色、粉色的组合塑造了一个极致朴素的女子形象。这三种中性色中，唯一的柔媚来自女性天生带有的粉色，这样的组合消除了万千繁华，只留下最本真的色彩。

适用空间：文艺雅致风格空间。

10. 沉静俏丽

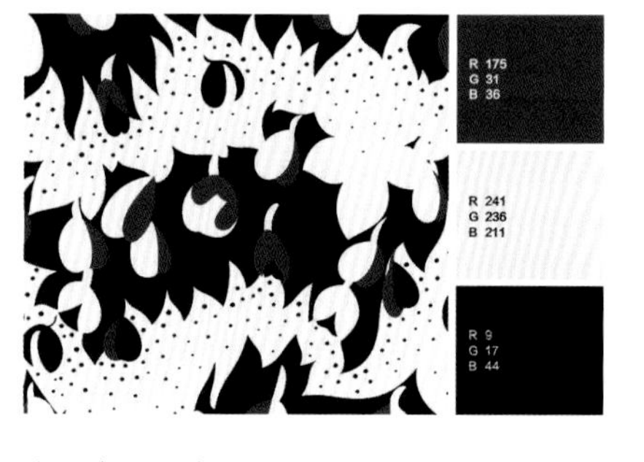

灰白色的底色为画面奠定了沉静的基调，散发出安宁悠然的气息，而黑蓝色和红色的点缀则给这片沉静增添了几分俏丽，这样的色彩组合颇适合文艺气息浓烈的空间。

适用空间：文艺派、学院派气质空间。

12. 清新明媚

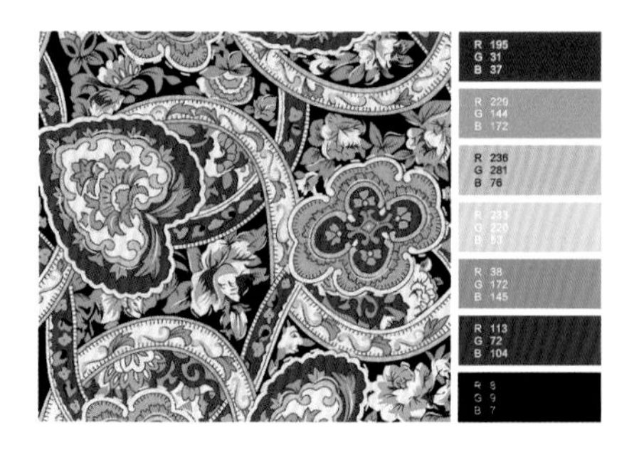

樱草色、枣红色、纯蓝色的组合具有清新与明媚的气质，零星的粉白色作为点缀，恰到好处地在色彩之间拉开空隙，保持距离。

适用空间：明媚娇柔的女孩房。

13. 日系樱花

黑色画底与白色、灰色的大花形成鲜明对比，摆脱了一般花种的俗艳。明朗的橙色、热情的红色作为次要点缀色，将日系樱花纯真明媚的气质展露无遗，而零星的柳黄色和亮蓝色更于细节中完善了整体效果。

适用空间: 日系风格住宅、酒店、商业空间。

15. 粗犷不羁

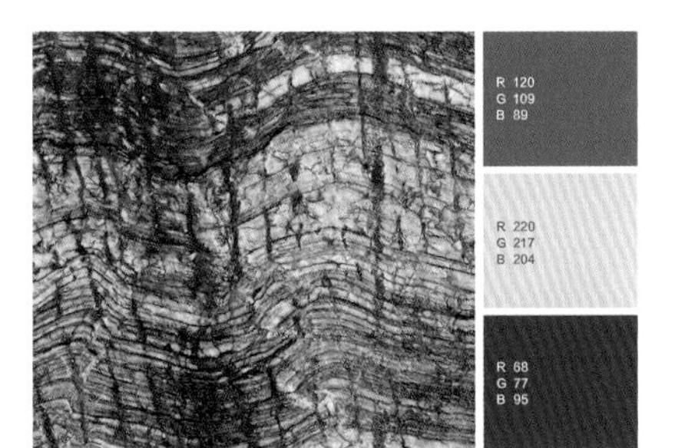

这幅画采用了灰色、灰白色和蓝灰色，营造了粗糙的纹理效果。灰色系带给人冷静沉稳的色彩感受，但在粗糙的纹理效果中，彰显出粗犷不羁的一面。

适用空间：原生态风格空间、LOFT 风格空间、工业风格空间。

17. 富丽堂皇

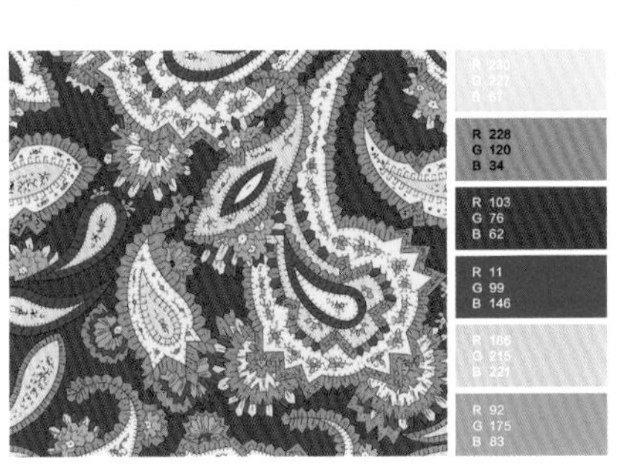

大量的明黄色和橙色营造了金碧辉煌的视觉印象，加入的蓝色则恰好缓和了这份隆重感，与沉稳的赭石色、清新的青绿色共同烘托了画面，洋溢着大气但不艳俗的气息。

适用空间：富丽堂皇的商业空间、奢华高贵的住宅。

14. 新贵族主义

深绿色作为背景色，奠定了充满深邃哲思的乐观基调，托起了轻盈的灰白色、柔媚的胭脂红色与浪漫的丁香色。这样的色彩组合特别适合上流社会的新新女性，于高贵优雅中带有浓郁的生命力。

适用空间：浪漫奢华的新贵族主义空间。

16. 野兽派

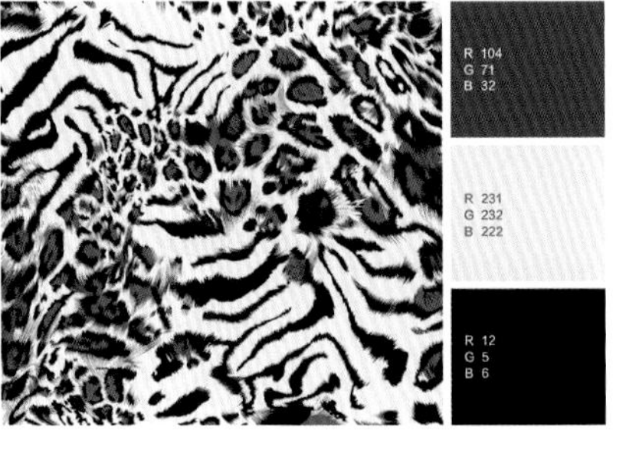

这幅画集合了棕色、灰白色和黑色，看上去都特别厚重，好像野兽身上厚重的皮毛，带来震撼的视觉效果。

适用空间：热情奔放的空间、成熟厚重的老人房。

18. 宁静的浪漫

以宁静的樱草色作为画面背景，即使图像色彩再明艳，也能保证整体的宁静和谐。丁香色和枣红色在樱草色与芥末黄色的烘托下，展现出浪漫的一面。芥末黄色作为过渡色，很好地协调了背景色与视觉焦点主色调的关系。

适用空间：浪漫清新的年轻品牌店铺、青年空间。

19. 小城春光

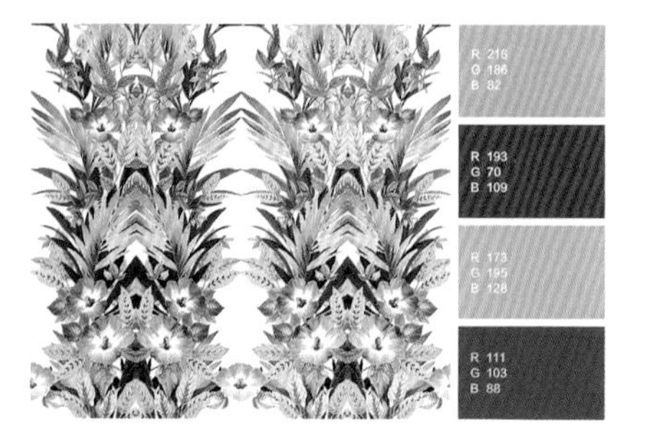

小城市乡野中常见的浪漫紫色、质朴土黄色、清新樱草色、沉静灰色在这幅花卉图中都可找到，这样的色彩组合生动地展现了春暖花开的小城风光，适合淡雅柔媚的空间。

适用空间：田园风格空间、乡村风格住宅。

21. 童趣城堡

被不规则几何造型堆满的画面如同儿童玩耍的积木，包括马赛克、城堡、摩天轮等。以明亮的紫色、蓝色、黄色、红色覆盖主画面，以粉色、浅蓝色、浅青色为点缀色，共同组成一幅快乐的童趣城堡图。

适用空间：异想天开的儿童房。

23. 缤纷捕梦网

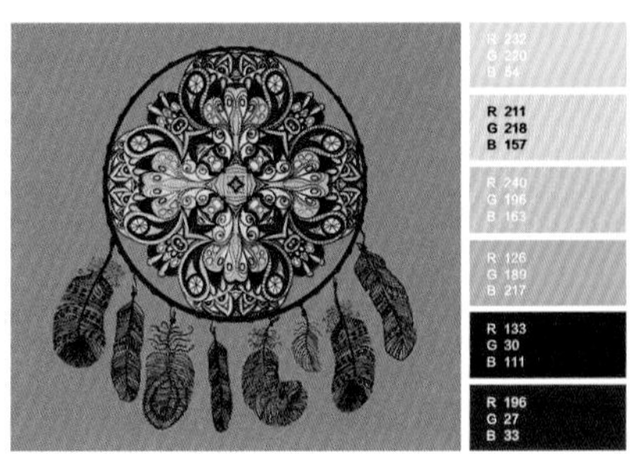

棕色、紫色、红色的羽毛既装饰了捕梦网边沿，又与网内繁复图纹色彩形成了呼应。紫色圆框内部图纹涵盖了紫色、黄色、青色、红色和蓝色，暗喻一个缤纷多彩的梦。即使背景色很暗淡，整幅画也依然营造了缤纷多彩的视觉印象。

适用空间：缤纷多彩的商业空间、浪漫唯美的住宅。

20. 腾飞的梦

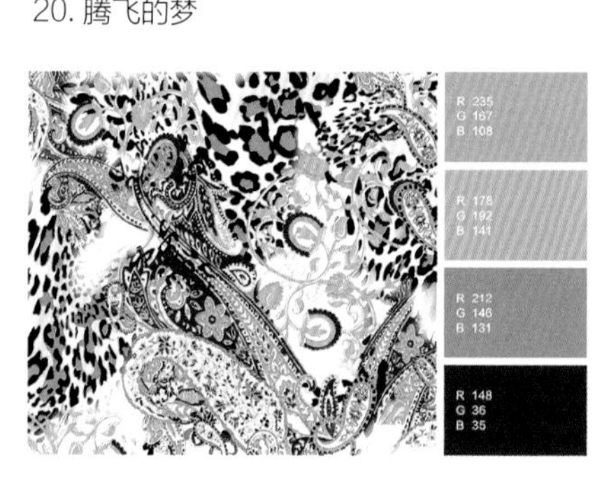

飞舞的胭脂红色和砖红色条带穿梭在由粉红色和黑色组成的豹纹图案中，显得张扬不羁。浅淡沉静的樱草色也为画面注入了宁静和谐的气息。

适用空间：张扬个性的住宅、商业空间。

22. 丰收的喜悦

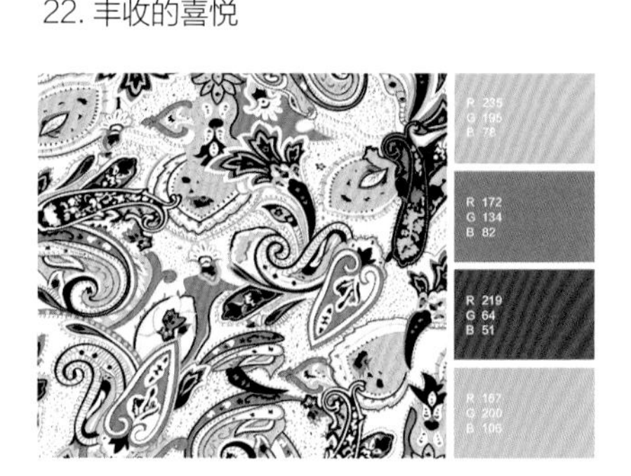

粉白色给人莫名的愉悦感和亲切感，本就象征丰收的黄、橙两色在黑色边框的烘托下，显得更加隆重有力，整幅画洋溢着饱满富足的精神气息。

适用空间：温馨和睦的家庭住宅。

24. 美好年华

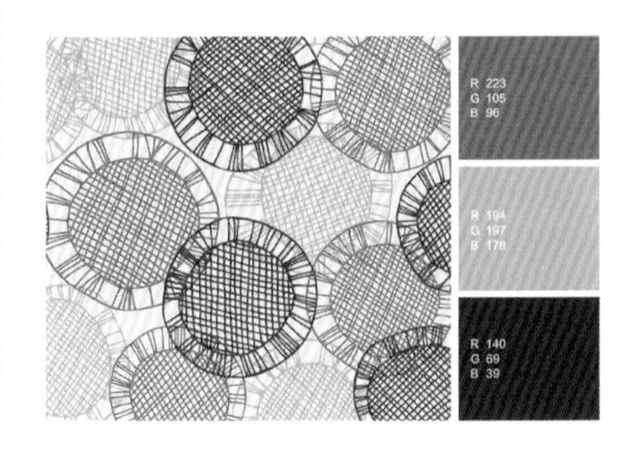

年轮图纹相互交叉重叠，搭配柔媚的胭脂红、浓纯的咖啡色和浅淡的石灰色，一幕时光流逝的美好图景正在上演。

适用空间：甜蜜柔媚的少女房。

25. 水果香气

葡萄或紫或青，散发着成熟中夹杂青涩的水果香气。浅蓝色和橙色作为点缀色，装点了纯净明朗的果园，还原了一个芬芳的夏天。

适用空间：青春跃动、清新明朗的空间。

26. 动感马赛克

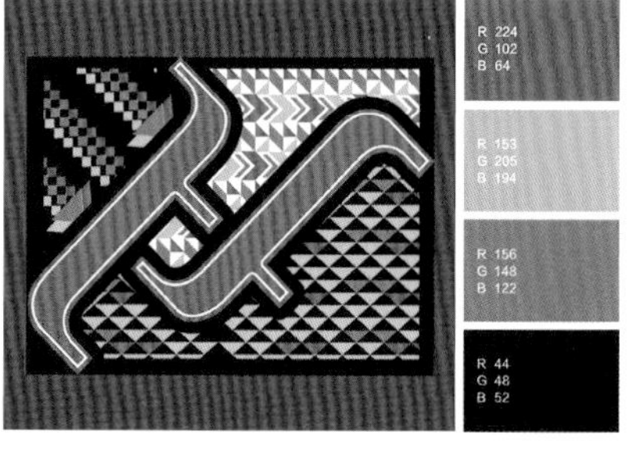

马赛克也可以动感十足，红色、浅蓝色、灰色、黑蓝色、橙色有规律地交叉排列，通过冷暖明暗色彩的跳跃对比，构建出一幅跳跃感极强的画面。

适用空间：动感十足、热情奔放的个性空间。

27. 失重的字母

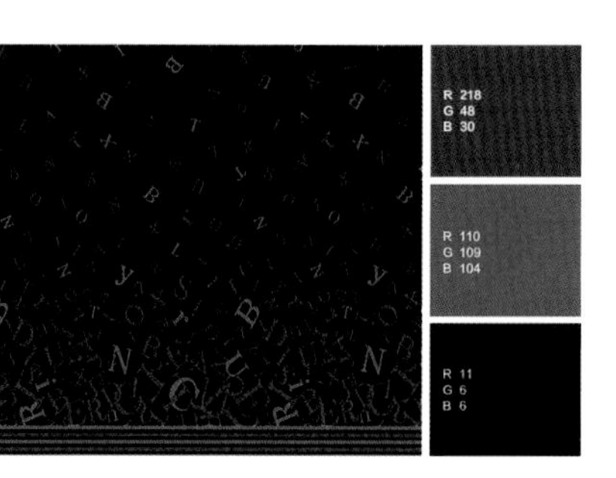

就好像掉入了一个失去重心的黑暗空间中，红色和灰色的字母纷纷由下向上漂浮，引人联想。红、黑、灰色的组合冷艳高贵，并且具有理性色彩。

适用空间：冷艳奢华、异想天开的空间。

28. 乱中有序

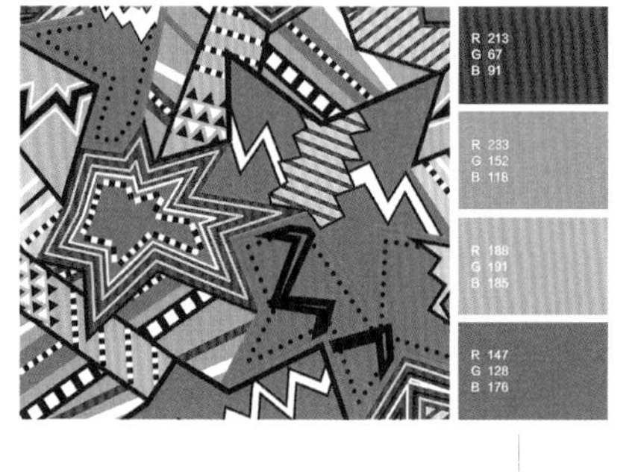

亮丽的色彩如枣红色、丁香色、粉橘色被用于不规则图形或色块中，好像地球板块大碰撞，看上去混乱嘈杂，但黑白相间的边框格纹穿插其中，起到维护秩序的作用，加强了画面整体感。

适用空间：灵感迸发的创意空间。

29. 复古窗花

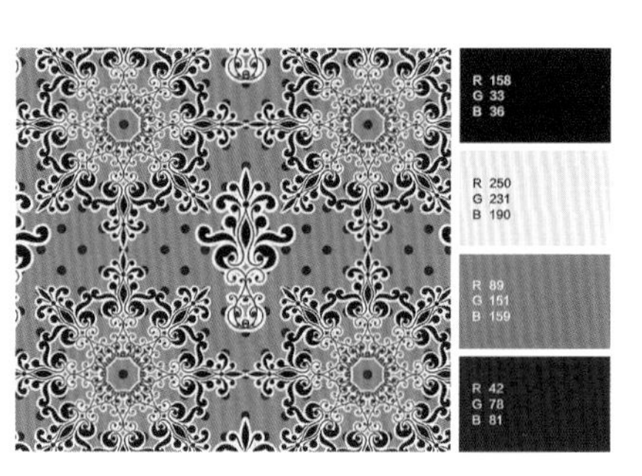

红色和湖蓝色的搭配，是中国传统习俗中常见的色彩组合。红色剪纸窗花还原了旧时普通百姓家的生活风气，与之搭配的湖蓝色更显质朴纯净。浓淡相宜的色彩搭配竟如此妙不可言。

适用空间：复古怀旧、质朴纯净的空间。

30. 仙气飘飘

黑色背景与墨灰色和紫灰色共同烘托出白中掺柳黄的花朵，墨灰色扇形中零星地点缀着白色线条，加强了画面本身的轻薄感，营造了仙气飘飘的氛围。

适用空间：高雅端庄、沉着冷静的空间。

31. 藏式风采

这是由藏族图纹演变而成的装饰，雌黄色、粉色、枣红色、蓝色的色彩组合将西藏山水的粗犷奔放、明丽纯净彰显得淋漓尽致。

适用空间：藏族风格空间。

32. 云海浮沉

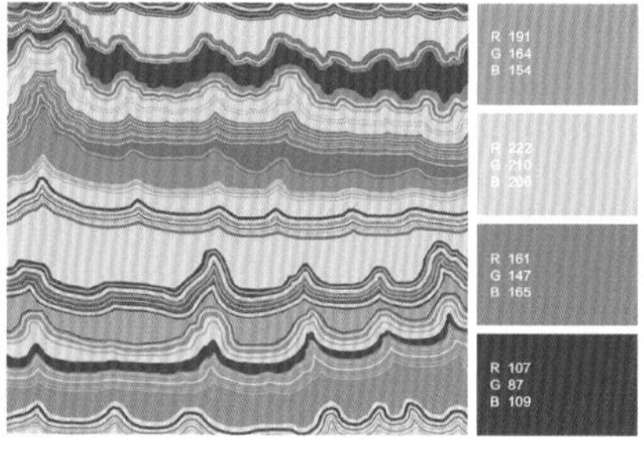

似山峰、海浪、云纹的图景在画面中起伏铺排，如人生浮沉。绛色、鱼肚白色、丁香色、乌色的组合加强了虚幻感，如同进入了一个与世隔绝的国度。

适用空间：虚幻迷离、浅淡素雅的空间。

33. 和风徐徐

淡雅的鹅黄色搭配浪漫的绛紫色、正紫色，覆盖了纯灰色背景，结合和风气息十足的扇形图纹，别有一番风韵。

适用空间：和风空间。

34. 穿越时空

这幅图画中各个世纪的景象同时出现，尘土飞扬、火箭升空、海水枯竭、冰块碎裂等。超现实主义的色彩搭配：卡其色、军绿色、紫色、褐红色、冰蓝色，通过晕染图纹处理，加强了不真实感，营造了穿越时空般的意境，极具梦幻色彩。

适用空间：艺术气息浓郁的超现实主义的空间。

35. 粉色年华

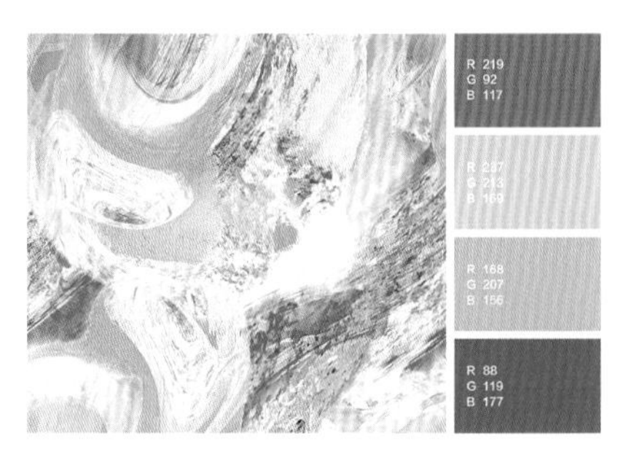

粉红色、粉色、粉青色、粉蓝色色块无拘无束地洒落在平面上，愉悦的色彩搭配粉色的装饰，共同组成了一幅粉色年华图。

适用空间：青涩粉嫩的婴儿房。

36. 花开雪融

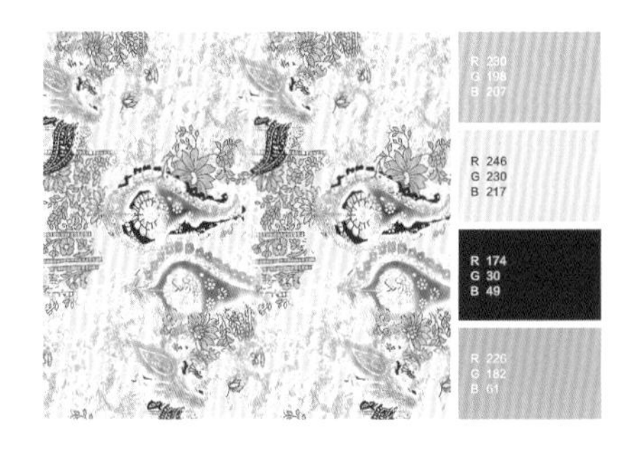

粉白色的背景中，粉紫色花瓣伴着花香飘落在空气中。金盏花的菊色叶子不时地冒头，与枣红色相衬，洋溢着浓郁的喜庆气息。

适用空间：喜气洋洋、古典素雅的空间。

37. 花的漩涡

这幅图画由褐红色、芥末黄色、粉蓝色三种色彩组成，花朵不分主次相互缠绕，时而由褐红色居先，时而由粉蓝色引领，芥末黄色也不甘于后，于是形成了密集的花之漩涡，让人一览花姿的妩媚与柔美。

适用空间：古典主义的民族风格空间。

38. 灰与金

在大片灰绿色与水泥色的烘托之下，一道道橘色的线条和小色块犹如金色阳光，打破了灰色天空。灰色调与暖色调的搭配，形成了鲜明的冷暖对比。

适用空间：典雅宁静的空间。

39. 少年心气

青蓝色背景、粉红色色块和字母I，以及绛色字母W、L、D，共同突出了“WILD（野性）”主题，在粉嫩的背景中显得朝气蓬勃。

适用空间：热情奔放的少年空间。

40. 不凡气质

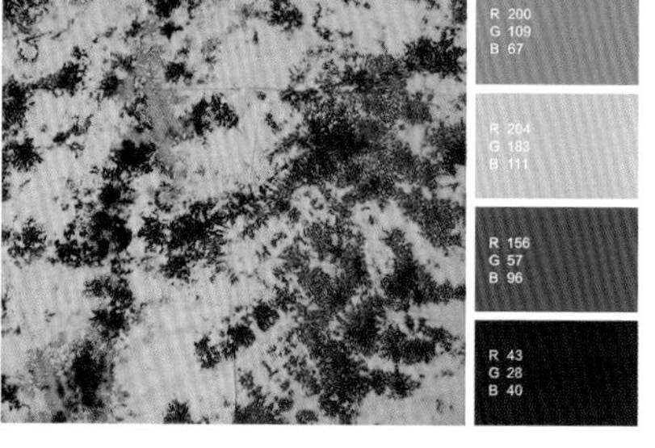

沉稳、踏实的芥子色作为背景，为画面奠定了奢华不凡的格调。橘色、紫色、黑色这三种高纯度色彩的加入，使画面充满一种艺术气息浓郁的“脏”，因而即便是高雅的紫色也会透出些许不羁。

适用空间：艺术气息浓郁、个性鲜明的空间。

41. 神秘有趣

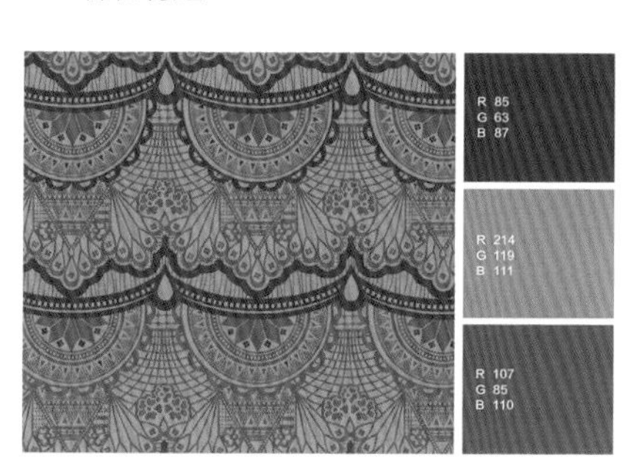

神秘的灰紫色与有趣的鲑粉色相结合，格调别致，情趣盎然。深紫色的加入凸显了画面的神秘感，仿佛是外星生物绘制的图纹色彩，让人浮想联翩。

适用空间：妩媚柔美的女性空间。

42. 妖精的花园

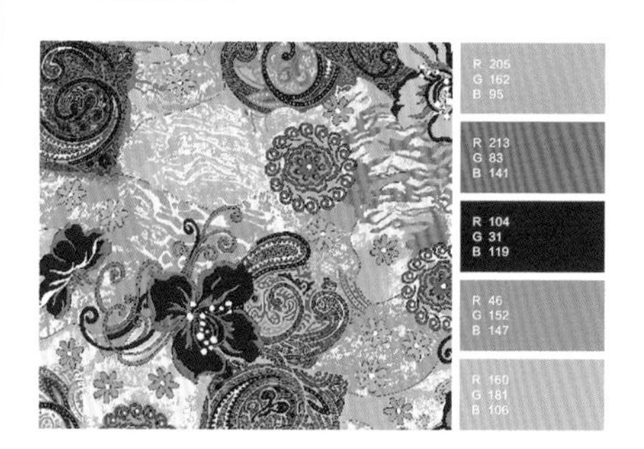

娇艳的锦葵色化身为晕染变幻的色块，渗入温暖的卡其色、神圣的紫色、均衡的翠蓝色和清新的叶绿色中，在这片花园中激荡出魔幻之梦。

适用空间：娇艳张扬的空间。

43. 幸福美满

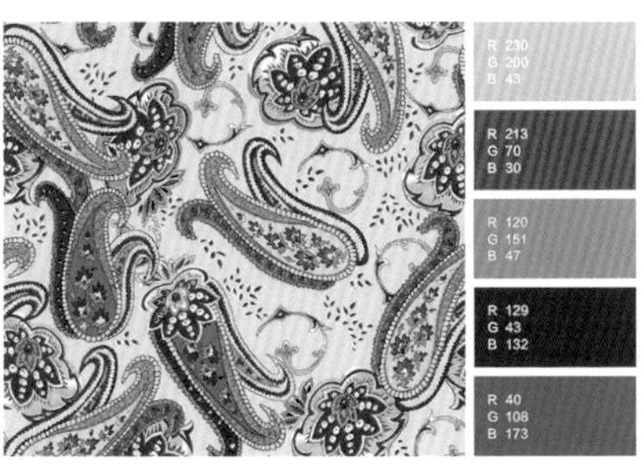

洋溢着幸福气息的巴黎金合欢色搭配朱红绿叶，纯净的天蓝色搭配紫花绿叶，作为点缀色和背景色的粉色、鱼肚白色与各种色彩完美交融，展现了幸福美满的生活景象。

适用空间：年轻家庭的空间。

45. 浓郁糖果

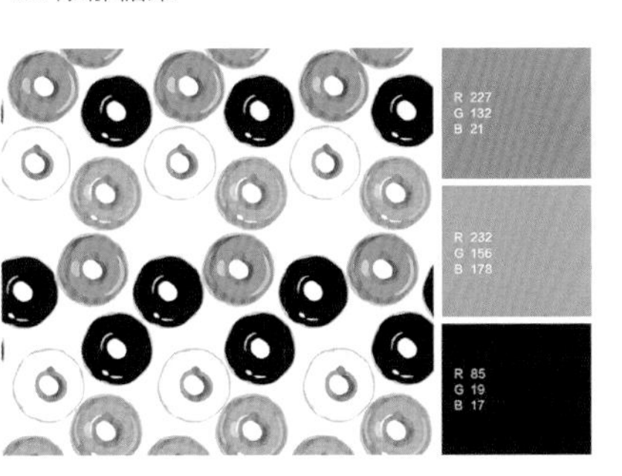

甜甜圈的形状用巧克力色、橙色、奶白色、粉红色装饰，仿佛浓浓的糖果味从画面中散发出来，而柔和的奶白色背景则像牛奶般包容了所有口味。

适用空间：恬淡温馨的儿童房。

47. 神游天际

降落伞的图纹由橘红色、水蓝色、赭石灰色的组合交叉装饰，于明快中带有沉稳，给人安全感的同时又不失欢乐。

适用空间：动静结合的空间。

44. 清纯丁香

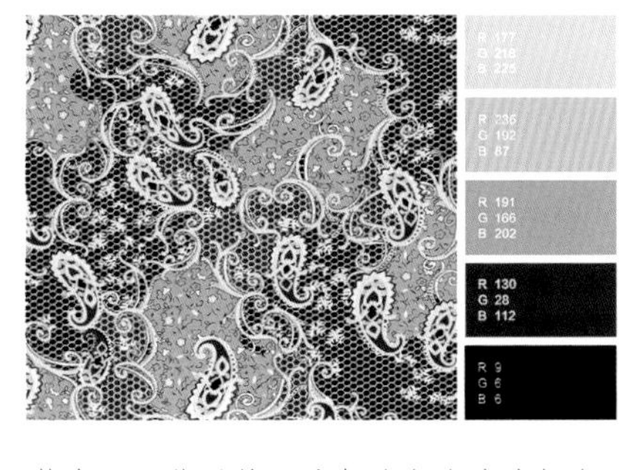

整个画面蔓延着丁香色独有的清纯气息，浪漫的紫色和庄重的黑色也紧随其后，如同划分领地般构建了神秘优雅的美学地图。浅天蓝色和茉莉色作为边框装饰色，为画面注入了一丝朝气。

适用空间：青春浪漫、优雅庄重的女性空间。

46. 精灵花环

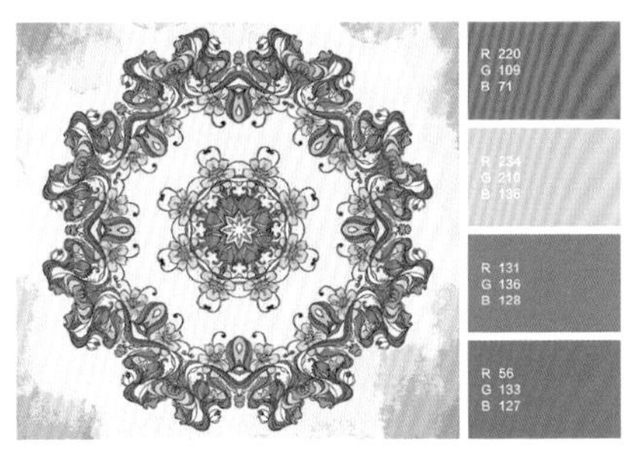

这个由朱红色、蓝绿色、芥子色、蓝灰色组成的花环亮丽明快，散发着强烈正能量的同时又灵气十足。

适用空间：田园风格空间。

48. 斑驳怀旧

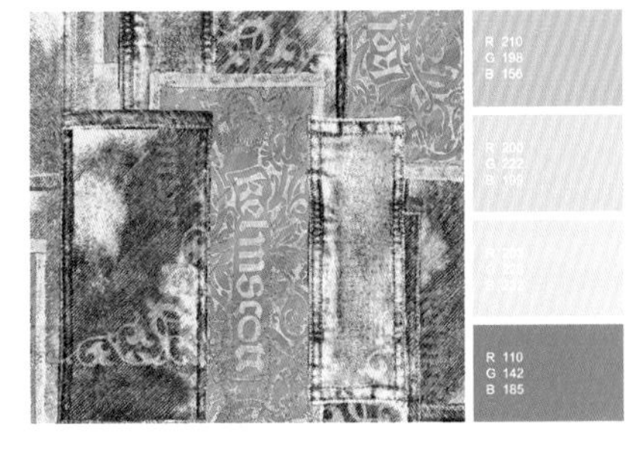

这幅图的色彩组合非常清淡，以斑驳的图纹纹理相衬，更显岁月沧桑。沉稳怀旧的灰青色、素雅的青瓷色、充满幻想的淡蓝色、纯粹的蓝绿色，共同构建了舒适惬意的画面。

适用空间：素雅沉静、怀旧复古的空间。

49. 平衡之美

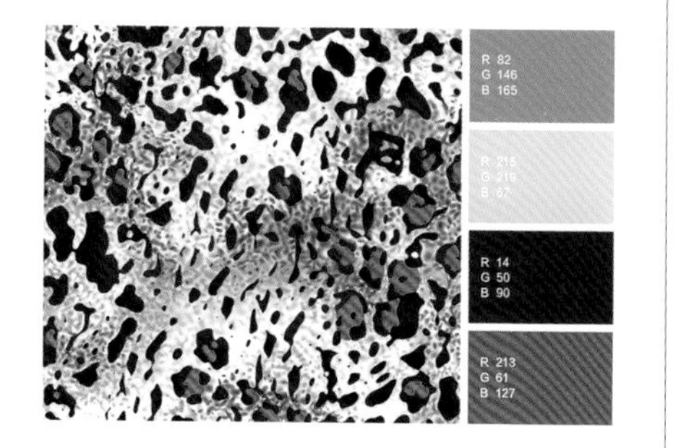

深远的蓝色与热情的品红色色块重叠散布在画面中，零星的黄绿色如影随形、若隐若现。在这三种色彩下面，具有平衡作用的翠蓝色压轴出现，很好地平衡和完善了画面。

适用空间：深邃典雅、奢华高贵的空间。

50. 迷醉森林

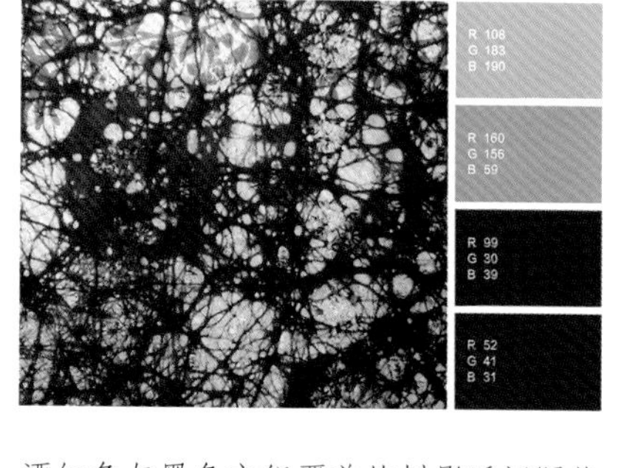

酒红色与黑色交织覆盖的树影瞬间隔绝了外界的喧闹，只剩下安静的心跳声与梦境。柔和的黄绿色、纯净的蓝色在树影间穿梭，恰到好处地营造了一个清晰的出口。

适用空间：扑朔迷离、浪漫醉人的空间。

51. 刚柔并济

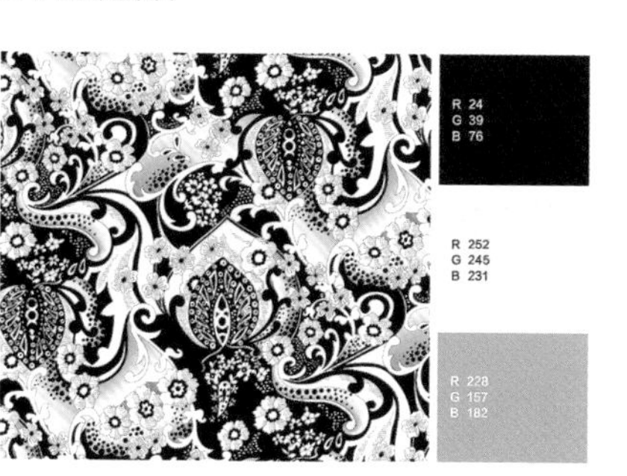

庄严的深蓝色花纹通过粉色和粉红色的烘托，略带几分柔美甜蜜。而粉红色则在深蓝色的相衬下，大大提升了视觉重量。两者组合，形成了刚柔并济的效果。

适用空间：刚柔兼具的空间。

52. 温和柔顺

明媚的深蓝色在兰花色和纯蓝色的相衬下，多了些许温和柔顺。浪漫的紫色穿梭其间，与同色系的兰花色和相近的蓝色完美衔接。

适用空间：明媚灵动的空间。

53. 深浅均衡

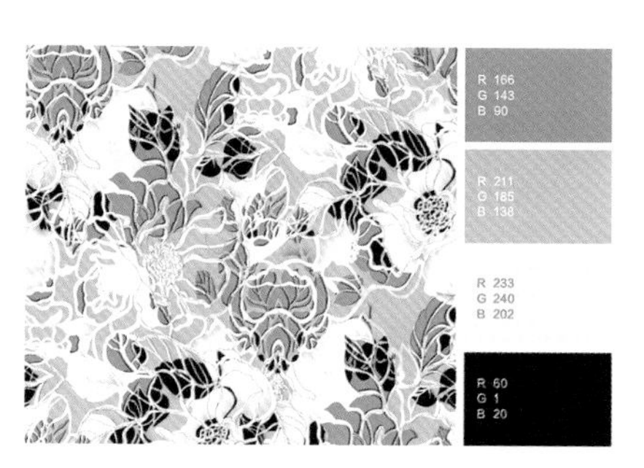

高贵的酒红色是这幅图景中唯一的深色调，在一片朴素沉稳的色调中显得尤为亮眼，点亮了整个画面。其余三种相近色，灰青色、绛色、灰白色，共同营造了沉稳踏实的视觉效果。

适用空间：高贵沉稳的空间。

54. 斑斓穹顶

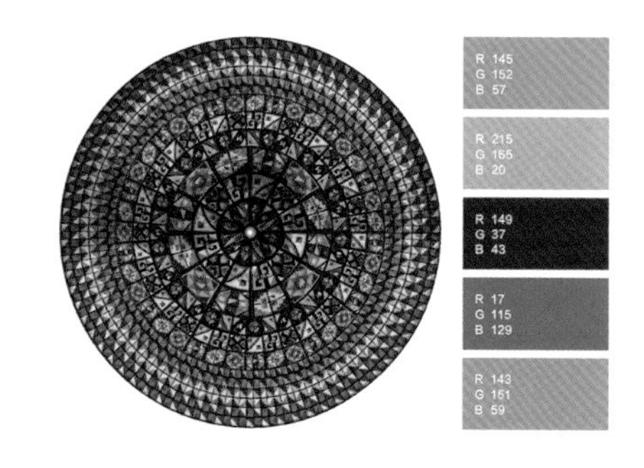

由草绿色、芥末黄色、枣红色、翠蓝色、嫩绿色组成的马赛克图纹营造了惊艳斑斓的视觉印象，不禁让人联想到教堂天花板上精美繁复的装饰。

适用空间：宗教气息浓郁的异域风情空间。

55. 复古色卡

这组配色的风格是复古的，如同 20 世纪时髦女郎的配饰般经典。绿色、芥末黄色、枣红色、鱼肚白色以及蓝色具有复古时尚感。

适用空间：复古时尚的空间。

56. 三色组合

深紫色、翠蓝色、橘红色构成了整幅图景，再从这三种色彩中细分深浅，使画面拥有层次感。三种大色系的组合使画面始终处于一种和谐稳定的气质中。

适用空间：具有传统民族风情的空间。

57. 蓝色情结

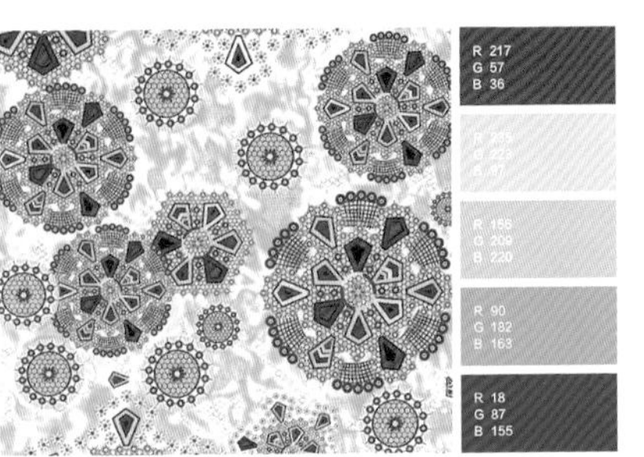

蓝色被分成深蓝色、纯蓝色、浅蓝色，占据了二分之一的画面。作为点缀色的红色和草绿色，为画面增加了跳跃感，但仍旧不离蓝色情结主题。

适用空间：纯净柔媚的空间。

58. 大家闺秀

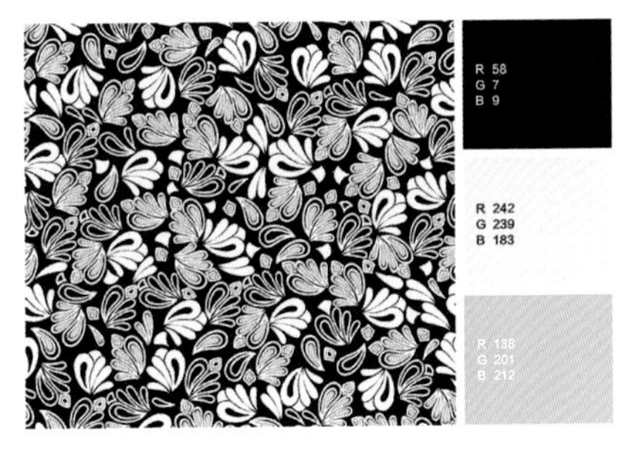

神秘尊贵的黑色作为画面底色显得气场十足。气质不凡的香槟黄色与纯净的蓝色相衬，将大家闺秀的气质展现得淋漓尽致。

适用空间：含蓄矜持的大家闺秀卧室。

六、植物色彩

1. 田园碎花

由酒红色、粉紫色、粉橘色组成的花卉元素结合细碎的花朵图纹，在白色背景中铺展开来，洋溢着质朴清新的田园气息。

适用空间：田园风格空间。

2. 成熟风味

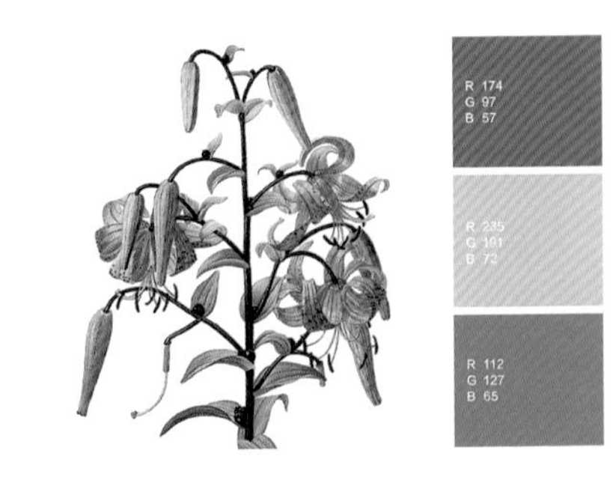

咖啡色、金盏色、嫩绿色的色彩组合，在成熟中带有蓬勃的生命力，让人感到充实富足、十分温暖。

适用空间：富足温暖的家庭空间。

3. 相近色搭配

草绿色、铬黄色、黄土色将大自然的气息展露无遗，蓝色色块的点缀在乡土气息中加入了几分纯净，显得更加时尚。

适用空间：乡村风格空间。

5. 深沉之美

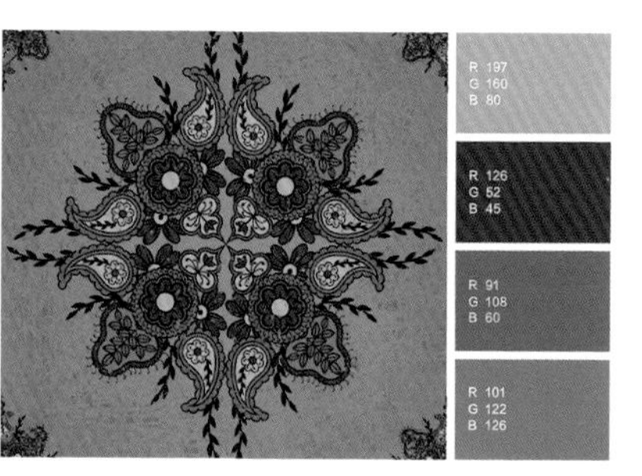

深沉的卡其色与酒红色为画面奠定了岁月独有的成熟基调，叶绿色和蓝灰色与之相衬，平添了几分清新，使整体画面既统一又和谐。

适用空间：成熟深沉的长辈卧室。

7. 纯真善良

贝壳粉作为底色为画面奠定了纯真的基调，搭配洁净的白色花朵、温和的浅蓝色花心、灰青色和灰绿色叶子，使这片花海不仅如梦似幻，更保持了最初的纯真善良。

适用空间：纯真梦幻的少女空间。

4. 四季常青

R 185
G 102
B 77

R 12
G 120
B 87

R 159
G 31
B 104

属于同色系的常春藤、苔藓绿以绿色独有的安宁柔和覆盖了画面，而恰当比例的紫色的加入，则为整幅画面增添了几分浪漫优雅。

适用空间：田园风格空间。

6. 简洁配色

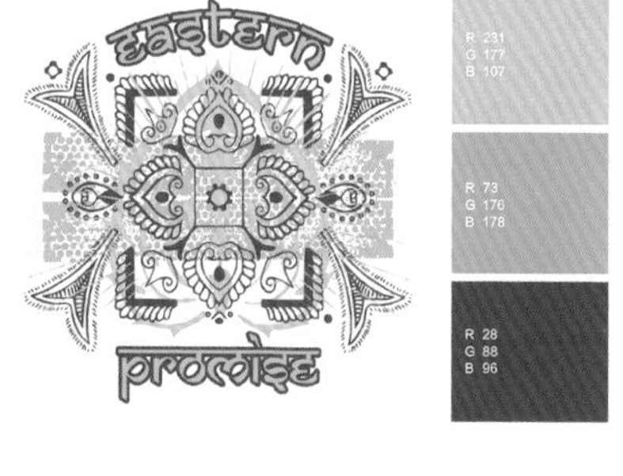

这幅画只有两个大色：蓝色和杏黄色。蓝色被分成纯蓝色和孔雀蓝色，于纯净中带有几分庄严厚重。杏黄色作为视觉中心，简洁明了。

适用空间：极简主义空间。

8. 蓝与紫

深蓝色和浅蓝色是整幅画面的主调，繁复的图纹顺次展开，尽显华丽典雅。浪漫的紫色极其低调地潜入画面中心，起到了点睛的作用。

适用空间：素雅古典的空间。

9. 妩媚妖精

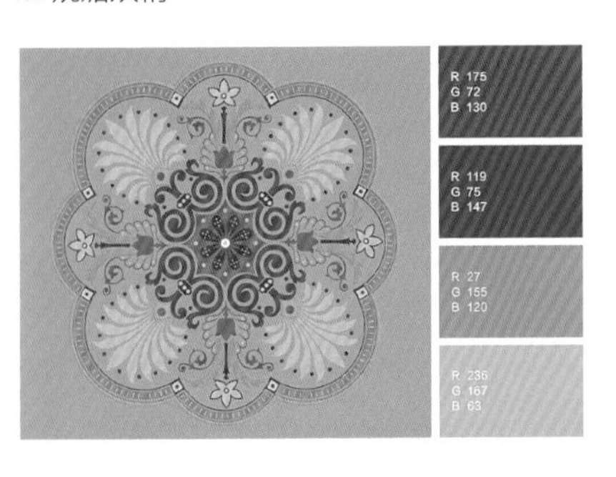

娇艳的锦葵色作为主调，与紫藤色共同奠定了妩媚的视觉基调。明朗的橙色和充满希望的翡翠绿色作为点缀色，让画面华而不俗。

适用空间：妩媚灵动的空间。

11. 橙绿组合

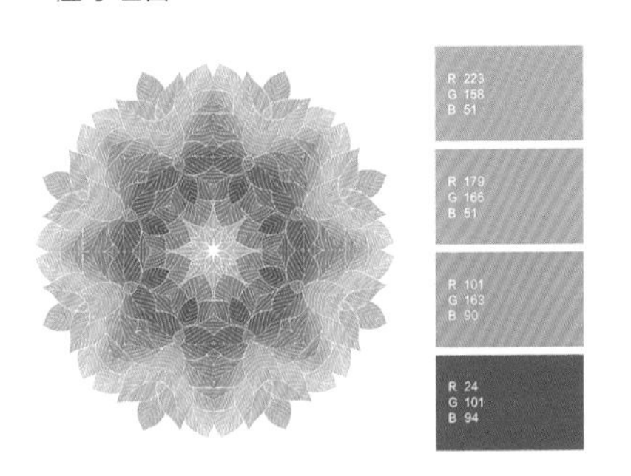

绿色被分解成苔藓绿色、钴绿色、孔雀绿色，层层递进地从花心散开，极具视觉冲击力。而橙色作为花边装饰，恰到好处地点亮了画面。

适用空间：清新明朗的空间。

13. 天真无邪

五朵金盏色花蕊的白花共同烘托了画面正中的樱粉色花朵，画面感极强。轻浅的蓝色极为低调地隐藏在花瓣下，为画面平添了几分天真。

适用空间：天真柔美的女孩房。

10. 秋叶静美

紫色、黑色、橘色、卡其色树叶标本展现了静美的秋叶姿态，由浅茶色、浅蓝色、粉红色圆圈组成的背景图纹为这份静美平添了几分柔和，带给人舒适惬意的视觉印象。

适用空间：静美柔和的少女空间。

12. 少女的礼物

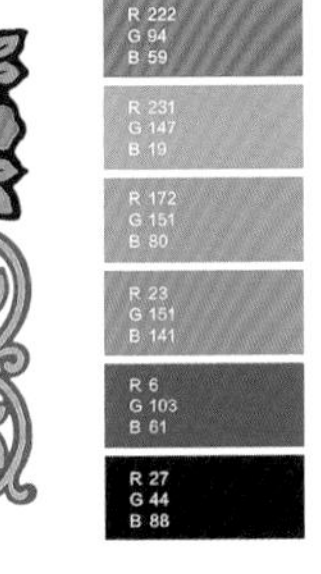

媚而不俗的橘红色和明朗的橙色作为花朵和花瓶的色彩，展现了少女的纯真柔媚。而一系列暗色系则作为绿叶，烘托出花朵的娇艳。

适用空间：温馨浪漫的空间。

14. 乡野风情

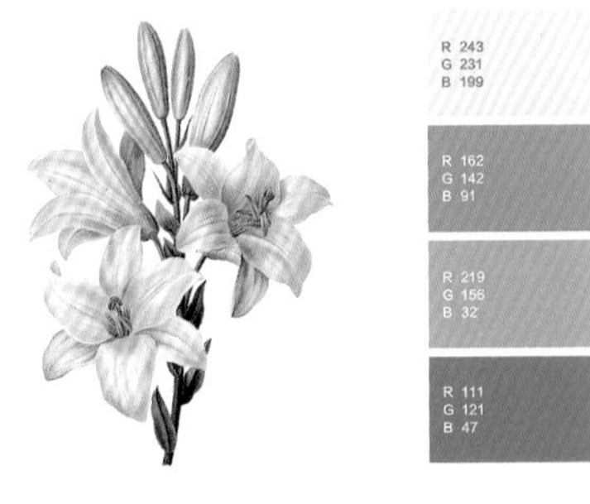

灰白色大花在绿色枝干的烘托下，带有一种脏脏的“纯净”；金盏色的花蕊尽显乡间田野般的朴实厚重。这种配色极具乡野风情。

适用空间：乡村风格空间。

15. 仙人山

R 206 G 139 B 71
R 182 G 92 B 68
R 95 G 130 B 108

浅茶色和橘色作为画面主色与背景色无缝融合。红色与绿色的点缀尽显一派和乐，如同仙人神境，唯有快乐，没有忧愁。

适用空间：温馨美满的家庭空间。

17. 流动的风景

这幅画的配色十分特别，白花搭配紫色花心、叶子以及黑色土壤，蓝绿色的风飞速吹过，绿树和花儿随之飘扬，紫色色块穿插在风中，也不失为一道风景。

适用空间：兼具奢华和质朴的空间。

2. 夕阳红

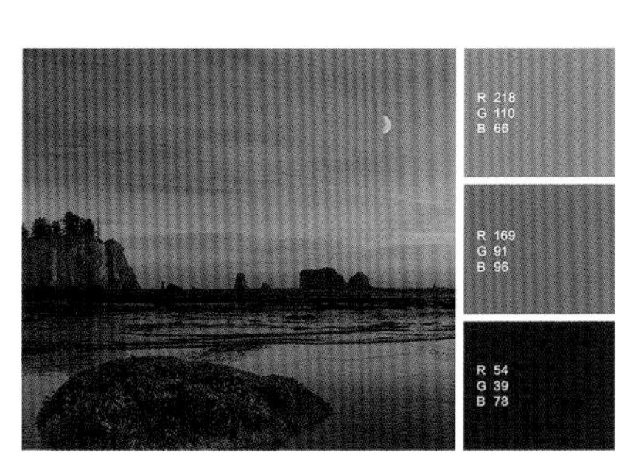

橘红色夕阳在深蓝色海面上缓缓降落，别具一番柔美温馨。海面的深邃冷静正好对应温情脉脉的橘红色，让人赞叹。

适用空间：温情含蓄、欢乐喜庆的空间。

16. 红蓝绿

盛开的花朵集红、蓝两色于一身，搭配生命力极强的绿色，这种红、蓝、绿色的经典搭配百用而不厌。

适用空间：田园风格空间。

七、景观色彩

1. 古建筑之美

黑瓦、白墙、红窗，古建筑的气质总是给人惊艳的视觉印象，黑、白两色质朴简洁，红色高贵，如此配色显得复古而不失时尚。

适用空间：具有传统特色的现代中式空间。

3. 清澈秀丽

沿岸树木组成一片碧色，与蓝色溪流形成完美的对比，将大自然的秀丽清新展露无遗。

适用空间：亲近大自然的人文风格空间、田园风格空间。

4. 凛冽个性

明媚的红色和鲜嫩的绿色在银白色闪电、灰色天空与公路的衬托下，具有很强的超现实感。在这样的色彩组合中，整个画面形成了异常凛冽的视觉效果。

适用空间：超现实主义空间、具有传统民族风情的空间。

5. 荒野风情

孔雀绿色的天空之上，浮现着半轮明月。远处的红色夕阳显得尤为遥远，荒野上独有的灰黑色却“远在天边，近在咫尺”。在如此这般寂静中观赏正在落幕的夕阳，亦别有一番风情。

适用空间：热情奔放又不乏温情的空间、具有异域民族风情的公共空间。

6. 超现实主义

这幅画将现代城市与原生态岩石集于一身，黑银色组合的电梯建筑与红色岩石相衬，好像未来的风景。

适用空间：个性强烈的空间、超现实主义空间、餐饮空间。

7. 海阔天空

深蓝色天空气质高远，纯蓝色海洋带来了纯净的视觉印象，以白云和绿树为点缀，烘托出海阔天空般的大气磅礴。

适用空间：地中海风格空间、度假酒店。

8. 世外桃源

临海的深山中伫立的红色小屋，在碧峰蓝天绿水的环境下，显得温暖可靠。如同世外桃源里的童话小镇，找到了自己的安身之所。

适用空间：童话风格空间。

9. 海潮汹涌

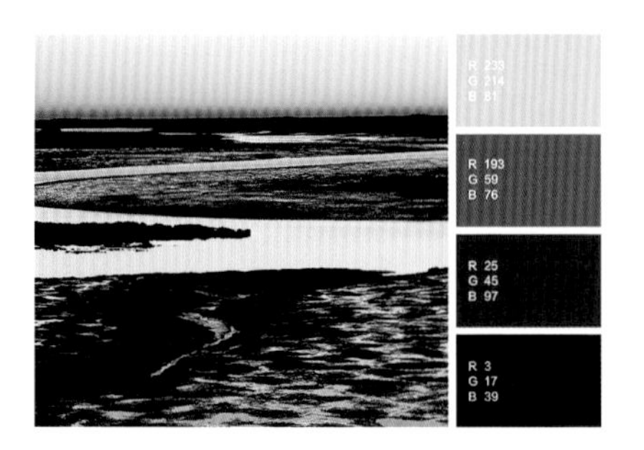

夕阳之下，海面变得越来越深，滚滚而来的海潮在海面上画出弯曲的路线，深色海面将这份汹涌展现得更加强烈，具有非凡的视觉冲击力。

适用空间：深邃理性的空间。

10. 热带风光

充满梦幻色彩的热带橙色与安定的棕色构成地面风光,蓝天因此而显得高远纯净。历史遗迹在这里显得尤其有味道。

适用空间：古老文明的公共空间。

11. 人文与自然

占据画面三分之二比例的灰色岩石是这幅画面的主调，红白组合的建筑在此显得特别高大，人文与自然在此相遇却不觉突兀。背景中的浅蓝色天空和浅橘色夕阳更加深了这份和谐感。

适用风格：现代人文风格空间。

12. 激情涌动

这是一个巨大的角斗场，咖啡色座席围成一个大圆，最里面的圆圈由杏黄色土壤和红色边框构成，于庄重中涌动着激情，那抹红色与夕阳红相呼应，点亮了视觉印象。蓝色天空也因此显得激情涌动。

适用空间：古老庄重的公共空间。

13. 冰天雪地

在这幅画面中，冬天由雪白色、浅蓝色和深蓝色组成，雪树银花、冰冷湖面、蓝天冻峰，整个世界都变得晶莹剔透、纯净无瑕。

适用空间：极简主义的北欧风格空间。

14. 万马奔腾

万匹骏马从草原上奔腾而过，扬起的尘土在阳光的照射下显得光彩熠熠。棕色与绿色的搭配在此显得尤其奔放有力，深蓝色天空和白光的点缀使整幅画面拥有一种神圣感。

适用空间：热情奔放的空间、事业有成的男性空间。

素材库 VALUABLE MATERIALS

休闲茶具套

品牌：美联饰界
型号：MLR-007-9
参考价：965 元
描述：MLCD006-1，ML-42，ML-0154-C-2，ML-0154-W-3，MLCK002，MLCJ002-M

休闲茶具套

品牌：美联饰界
型号：ML-0149
参考价：680 元
描述：休闲茶具套 ML-0066-W-2，MLR-001-W×2，MLR-002-W，0073-C，ML-49，ML-21L-1

休闲茶具套

品牌：美联饰界
型号：MLR-007-11
参考价：965 元
描述：MLCD006-2，ML-0066-W-1，ML-0066-W-2，MLR-006-L,ML-42，MLCJ002-M，MLCK003-B，MLF005×3

休闲茶具套

品牌：美联饰界
型号：MLR-007-13
参考价：750 元
描述：MLCD006-2，ML-42，MLCK002，MLCJ002-M，ML-0168，ML-0171-1，ML-0171-2

休闲茶具套

品牌：美联饰界
型号：MLR-0011
参考价：450 元
描述：MLTP001-W-3，MLR-002-W，MLR-008-W，MLF005×2

蓝色圆餐巾

品牌：美联饰界
型号：MLCJ004-B
参考价：116.67 元

欧根纱麻布餐巾（双层，棕灰）

品牌：美联饰界
型号：MLCJ003
参考价：93.33 元

麻布餐垫（深色）

品牌：美联饰界
型号：MLCD004-2
规格：320mm×450mm
参考价：116.67 元

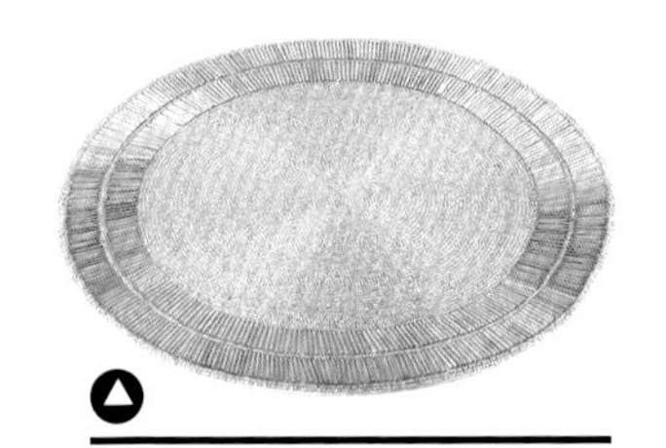

手工餐垫

品牌：美联饰界
型号：MLCD003
规格：350mm
参考价：733.33 元

雪花餐扣

品牌：美联饰界
型号：MLCK001
参考价：50 元

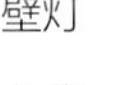

壁灯

品牌：琪朗灯饰
型号：MB13003013-1A
颜色：镀铬
规格：L120mm×W103mm×H126mm
参考价：474 元
材质：清光玻璃

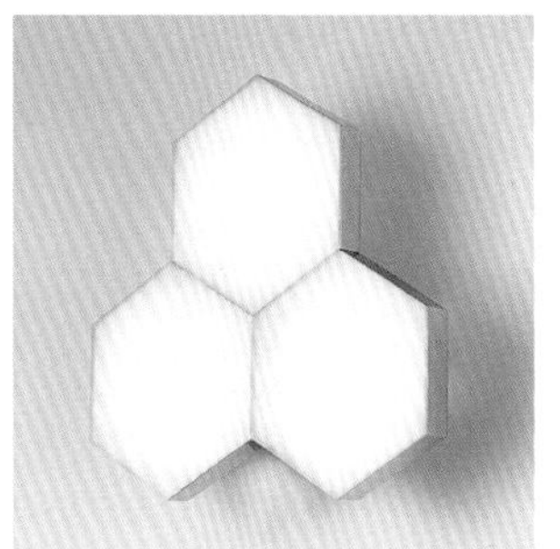

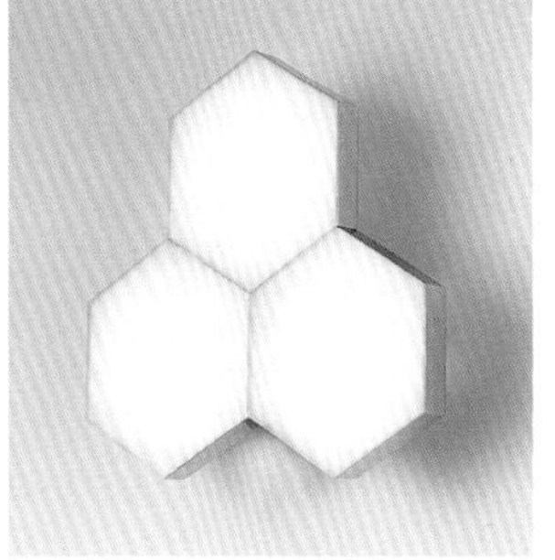

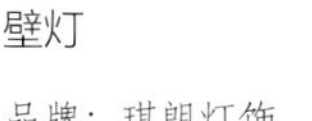

壁灯

品牌：琪朗灯饰
型号：MB13003032-3A
颜色：电镀
规格：L260mm×W250mm×H80mm
参考价：1146 元
材质：清光玻璃

壁灯

品牌：琪朗灯饰
型号：MB13003013-2A
颜色：镀铬
规格：L180mm×W120mm×H126mm
参考价：747 元
材质：清光玻璃

Williams 双壁灯

品牌：琪朗灯饰
型号：102012
风格：美式休闲
规格：W 381mm×H216mm，底座边 L121mm
参考价：2680 元
材质：铜质灯体、玻璃灯罩

壁灯

品牌：琪朗灯饰
型号：MB14009016-2A
规格：L280mm×W137mm×H105mm
参考价：987 元
材质：五金镀铬、清光玻璃

壁灯

品牌：琪朗灯饰
型号：MB13003032-4A
颜色：镀铬
规格：L360mm×W250mm×H80mm
参考价：1494 元
材质：清光玻璃

壁灯

品牌：琪朗灯饰
型号：MB13003013-3A
颜色：镀铬
规格：L180mm×W120mm×H126mm
参考价：1044 元
材质：清光玻璃

吊灯

品牌：博瑞奇
型号：brq012
规格：105omm×1050mm×900mm
参考价：6600 元
材质：百年老榆木、老铁
风格：北欧乡村风格、法国工业时代风格

吊灯

品牌：博瑞奇
型号：brq018
规格：810mm×H560mm
参考价：946 元
材质：铁艺、麻绳
风格：北欧乡村风格、法国工业时代风格

吊灯

品牌：博瑞奇
型号：brq025
规格：直径 360mm×530mm
参考价：803 元
材质：铁艺、玻璃(灯体为水管色)
风格：北欧乡村风格、法国工业时代风格

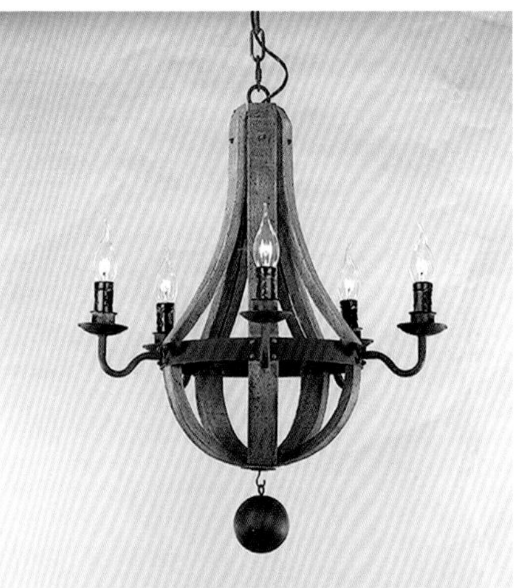

吊灯

品牌：博瑞奇
型号：brq026
规格：750mm
参考价：1713.8 元
材质：铁艺、木艺
风格：北欧乡村风格、法国工业时代风格

吊灯

品牌：博瑞奇
型号：brq020
规格：910mm×1150mm
参考价：2530 元
材质：铁艺、木艺
风格：北欧乡村风格、法国工业时代风格

吊灯

品牌：博瑞奇
型号：brq021
规格：直径 550mm×910mm
参考价：1980 元
材质：铁艺、水晶吊饰（灯体为铁锈色）
风格：北欧乡村风格、法国工业时代风格

丽薇娅花瓶

品牌：卡迪娅

型号：HT-025W-1+2

规格：29.50mm×21.50mm×36.50mm

26.50mm×200mm×320mm

参考价：838 元 /638 元

材质：陶瓷

风格：地中海风格

设计说明：崇尚自然、古朴经典、制作精良是卡迪娅品牌的设计理念。地中海风格的红陶系列花器以地中海自然风光为原色，色调多为蓝色、白色、绿色、土黄色，以擦破、仿旧为主要工艺元素，质感朴实厚重；历经沧海的洗礼和风化，沉淀下来的是那份深厚的艺术气质，营造了自然淳朴的生活氛围。

比利罐

品牌：卡迪娅

型号：HT-823 W-1-2-3

规格：14.50mm×100mm×32.50mm

150mm×8.50mm×280mm

150mm×8.50mm×230mm

参考价：363 元 /288 元 /238 元

材质：陶瓷

风格：地中海风格

设计说明：简单又不失个性的外观造型，白色描述了生活的纯粹与平淡，做旧的斑点留下了岁月走过的痕迹，让原本平淡的生活变得真实生动，承载着最美好的记忆。每一个空间都有属于它的故事，每一个陶器摆件都能见证你的成长历程。

卧马

品牌：卡迪娅

型号：HT-050B

规格：455mm×19mm×37mm

参考价：963 元

材质：陶瓷

风格：美式风格、地中海风格

设计说明：古老的传说里，化身为陶瓷的人们赋予爱卧永恒的姿态。古希腊的土地上，用陶瓷打造的各类用品大多具有某种恒久不变史诗般的气质，以及某种审美意义上的厚重感，成为岁月的艺术品。

枝鸟 A- 绣墩

品牌：卡迪娅

型号：Y-009

规格：35mm×35mm×45mm

参考价：1200 元

材质：陶瓷（手工彩绘）

风格：美式风格、地中海风格

设计说明：精致大气的复古陶瓷古凳，质地清新自然、个性十足，以神秘古老的传统文化和现代派的抽象为题材，使每一个绣顿都充满复古时尚的韵味；唯美灵动的花鸟古凳是手工彩绘的，花鸟写意，情趣盎然。

烛台鸟

品牌：卡迪娅

型号：HT-051B-1+2

HT-052B

规格：130mm×17.50mm×440mm

220mm×150mm×360mm

9.50mm×13.50mm×21.50mm

参考价：463 元 /438 元 /163 元

材质：陶瓷

风格：地中海风格

设计说明：鸽子象征和平、自由、平等。烛台鸟的设计理念源自人们内心对幸福生活的向往，用陶瓷生动地表达了人们内心的信仰与希望，同时又不失鸽子的可爱与生动，结合大自然，在室内环境中彰显悠闲舒畅的田园生活情趣。

卡维莱 - 罐，蓝色 、红色 、黄色

品牌：卡迪娅

型号：HT-110B-1

HT-110R-2

HT-110Y-3

规格：100mm×200mm×380mm

100mm×180mm×300mm

80mm×260mm×230mm

参考价：463 元 /438 元 /713 元

材质：陶瓷

风格：地中海风格

设计说明：怀旧，让生命更显厚重。从旧迹中寻找过往生活的美丽，从回忆中品味久远岁月的沧桑，这就是这款做旧陶器摆件的设计理念——低调的奢华，尽显时光流逝的从容和气度。

塞尔鸟瞰装饰罐

型号：HT-828-1

规格：26mm×9mm×40mm

参考价：488 元

材质：陶瓷（手工彩绘）

风格：美式风格、地中海风格

夏日花开，枝叶蔓延，鲜嫩的花儿已开满枝头，引来鸟儿驻足歌唱，洋溢着一派静谧的乡村田园气息。自然精致的家居装饰，令人感受到主人浓浓的小资情趣。复古风格的陶瓷饰品别具一格，亮丽的色彩隐隐地透出沧桑，内敛沉静的意蕴取代了往日的光芒四射的华丽。

铁制餐具收纳桶（两款）

品牌：可立特家居

型号：DA1170A

规格：直径 15.50mm × H240mm

参考价：159 元

材质：铁

风格：童心未泯风格

设计说明：这两款餐具收纳桶极具童真情趣，天蓝色、红色以及缤纷花卉的运用令人心情愉快。

树脂青蛙配迷你玻璃花瓶（白色）

品牌：可立特家居

型号：DE3935

规格：L150mm × H17.80mm

参考价：129 元

材质：树脂、玻璃

风格：轻奢都市风格

设计说明：表情憨厚可人的两只青蛙各自抱着一个玻璃花瓶，温柔地看着你，好像童话里的青蛙王子，捧着花束在向你表白。

蝴蝶图案陶瓷珠宝盒（两款）

品牌：可立特家居

型号：DE3916A

规格：直径 140mm × H90mm

参考价：79 元

材质：陶瓷

风格：户外花园风格

设计说明：珠宝盒的设计要么够奢华，要么够典雅。这款珠宝盒明显走后一种路线。做旧的浅色调作为底色，两只色彩鲜艳、造型独特的蝴蝶作为盒盖装饰，为使用者增光不少。

小鸟造型瓶盖高脚玻璃罐

品牌：可立特家居

型号：DE5765

规格：H330mm

参考价：189 元

材质：玻璃

风格：地中海风格

设计说明：小鸟造型的瓶盖方便使用者打开，既能当把手，在不使用时，也可起到观赏的作用。

猫头鹰造型玻璃花瓶（蓝色）

品牌：可立特家居

型号：DA0086

规格：直径 130mm × H360mm

参考价：389 元

材质：玻璃

风格：轻奢都市风格

设计说明：轻奢都市风格的蓝色玻璃花瓶质感温馨、色彩奢华，而猫头鹰造型体现了设计师的个性与创意。

杉木底座花园风灯

品牌：可立特家居

型号：DE5941

规格：L25.50mm × H1130mm

参考价：899 元

材质：杉木

风格：户外花园风格

设计说明：黑框透明玻璃灯罩与杉木底座相结合，放置于花园某处，与大自然融为一体。

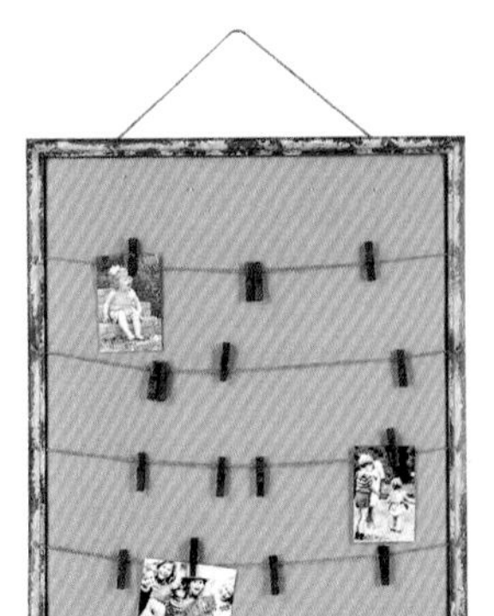

松木 / 麻布多功能相片 / 卡片夹（含 16 个夹子）

品牌：可立特家居

型号：DA0211

规格：L710mm × W 30mm× H81.50mm

参考价：599 元

材质：松木、麻布

风格：法式休闲风格

设计说明：松木相片夹朴素自然，而麻布最显气质，两者相衬，完美地诠释了法式休闲风格。

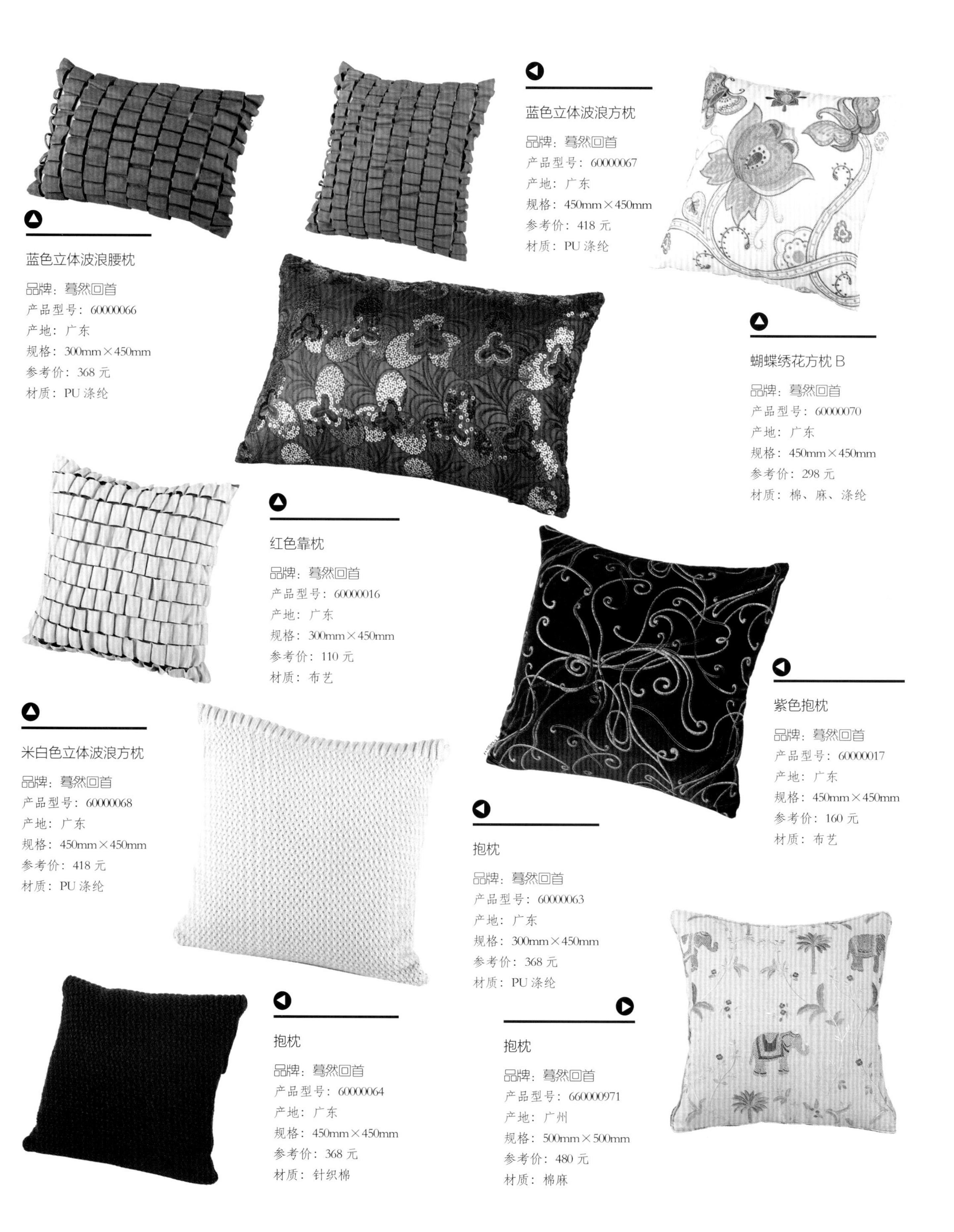

蓝色立体波浪腰枕

品牌：蓦然回首
产品型号：60000066
产地：广东
规格：300mm×450mm
参考价：368 元
材质：PU 涤纶

蓝色立体波浪方枕

品牌：蓦然回首
产品型号：60000067
产地：广东
规格：450mm×450mm
参考价：418 元
材质：PU 涤纶

蝴蝶绣花方枕 B

品牌：蓦然回首
产品型号：60000070
产地：广东
规格：450mm×450mm
参考价：298 元
材质：棉、麻、涤纶

红色靠枕

品牌：蓦然回首
产品型号：60000016
产地：广东
规格：300mm×450mm
参考价：110 元
材质：布艺

米白色立体波浪方枕

品牌：蓦然回首
产品型号：60000068
产地：广东
规格：450mm×450mm
参考价：418 元
材质：PU 涤纶

紫色抱枕

品牌：蓦然回首
产品型号：60000017
产地：广东
规格：450mm×450mm
参考价：160 元
材质：布艺

抱枕

品牌：蓦然回首
产品型号：60000063
产地：广东
规格：300mm×450mm
参考价：368 元
材质：PU 涤纶

抱枕

品牌：蓦然回首
产品型号：60000064
产地：广东
规格：450mm×450mm
参考价：368 元
材质：针织棉

抱枕

品牌：蓦然回首
产品型号：660000971
产地：广州
规格：500mm×500mm
参考价：480 元
材质：棉麻

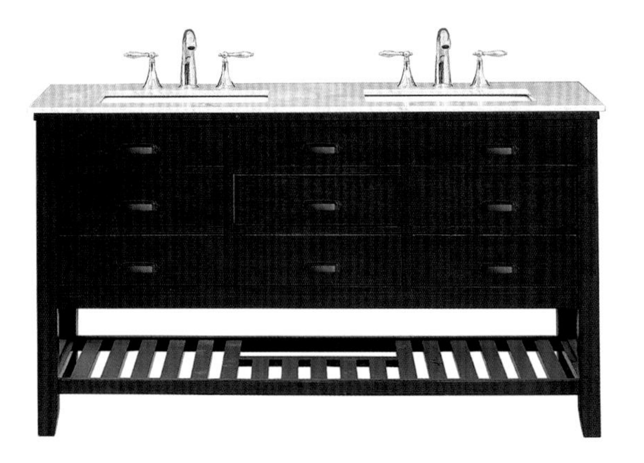

Laguna 浴室柜

品牌：Harbor House
产品型号：103377
规格：L1520mm×W590mm×H850mm
参考价：15800 元
材质：赤杨、樱桃木单板、环保人造板、大理石台面、陶瓷台盆
风格：美式休闲风格

白贝母口杯

品牌：Harbor House
产品型号：103526
规格：L78mm×W78mm×H128mm
参考价：368 元
材质：贝母
风格：美式休闲风格

白贝母浴液瓶

品牌：Harbor House
产品型号：103524
规格：L78mm×W78mm×H186mm
参考价：398 元
材质：贝母
风格：美式休闲风格

浴液瓶

品牌：Harbor House
产品型号：102673
规格：L 70mm×W70mm×H210mm
参考价：298 元
材质：铜
风格：美式休闲风格

贝母肥皂托盘

品牌：Harbor House
产品型号：103525
产地：广东
规格：L78mm×W78mm×H186mm
参考价：398 元
材质：贝母
风格：美式休闲风格

漱口杯

品牌：Harbor House
产品型号：102674
规格：直径 76mm×H102mm
参考价：128 元
材质：铜
风格：美式休闲风格

蜡烛礼盒装

品牌：Harbor House
产品型号：104248
产地：广东
规格：直径 69.850mm×H76.20mm / 直径 69.80mm
参考价：148 元
材质：石蜡
风格：美式休闲风格

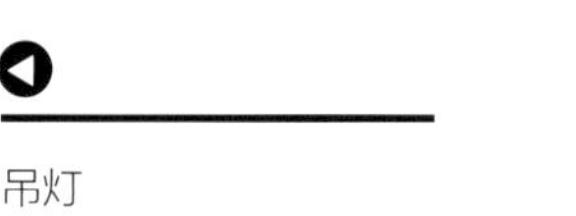

吊灯

品牌：美豪
型号：MHD8014-6
规格：直径 450mm 高 450mm
参考价：4680 元
材质：做旧橡木、仿古铁艺

吊灯

品牌：美豪
型号：MHD6002-8+4OR
规格：直径 650mm
参考价：3300 元
材质：仿古铁艺、水晶

吊灯

品牌：美豪
型号：MHD8001-5
规格：直径 650mm
参考价：5,350 元
材质：做旧橡木、仿古铁艺

模特系列

品牌：美豪
型号：MHG120921
规格：1800mm×560mm×8.50mm
风格：工业复古风格
参考价：2500 元
材质：铁艺

吊灯

品牌：美豪
型号：MHD6001-4+4OR
规格：直径 350mm，高 620mm
参考价：2,880 元
材质：仿古铁艺、水晶

越野摩托系列 2

品牌：美豪
型号：MHG130312
规格：1000mm×800mm×70mm
风格：工业复古
参考价：2250 元
材质：铁艺

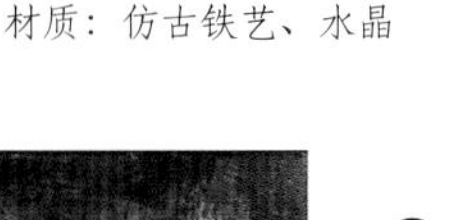

越野摩托系列 1

品牌：美豪
型号：MHG120901
规格：1200mm×800mm×60mm
风格：工业复古
参考价：2500 元
材质：铁艺

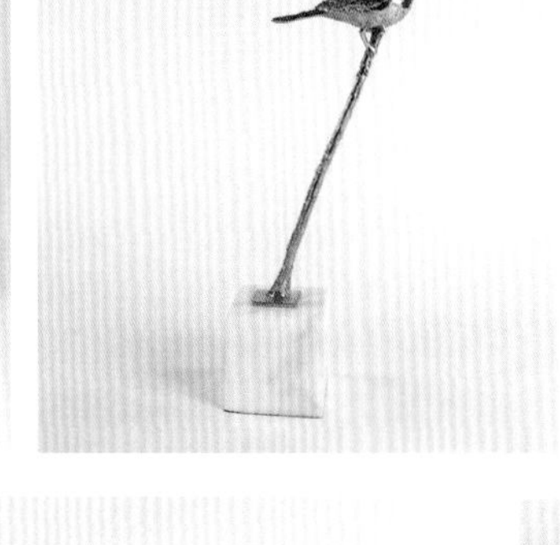

树枝鸟

品牌：深圳异象名家居
型号：JS117
规格：170mm×90mm×410mm
参考价：1267 元
材质：铜、大理石

苹果盒（大）

品牌：深圳异象名家居
型号：JS052
规格：130mm×130mm×160mm
参考价：2267 元
材质：铜

三叶果盘

品牌：深圳异象名家居
型号：JS041
规格：380mm×510mm×52.50mm
参考价：3450 元
材质：铝

圆托盘（大）

品牌：深圳异象名家居
型号：JS092
规格：510mm×50mm×58.50mm
参考价：2600 元
材质：铝

猴

品牌：深圳异象名家居
型号：JS133
规格：110mm×30mm×70mm
参考价：327 元
材质：铜

地球仪

品牌：深圳异象名家居
型号：JS042
规格：33.50mm×510mm
参考价：4200 元
材质：铝

维纳斯半头像

品牌：深圳异象名家居
型号：M409×01
规格：34.50mm×270mm×430mm
参考价：1867 元
材质：陶瓷

枫木或胡桃木的雕刻，纽扣般的把手及模仿动物形态的家具脚腿，朦胧中散发浪漫光点的烛台，线条摩登的灯具，精致高贵的油画，这一切将华贵优雅的美态融入生活，洋溢着超脱繁华的情韵，感悟属于自己的完美空间，让空间更显浪漫精致。

法式浪漫风格，在追求简洁自然之美的同时保留原有的轮廓，简化了繁复的线条和装饰，优雅高贵、浪漫清新。

台灯

品牌：风尚
型号：D050
规格：400mm×400mm×960mm
参考价：2370 元
材质：布罩、铜、大理石
风格：法式浪漫风格

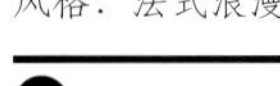

吊灯

品牌：风尚
型号：MD1017
规格：Ø400mm×H1400mm
参考价：12250 元
材质：铜、铁
风格：法式浪漫风格

烛台

品牌：风尚
型号：F1303-36
规格：400mm×400mm×900mm
参考价：4425 元
材质：大理石、铜
风格：法式浪漫风格

摆件

品牌：风尚
型号：TS55-2
规格：330mm×220mm×680mm
参考价：5025 元
材质：大理石、铜
风格：法式浪漫风格

角几

品牌：风尚
型号：MJ068
规格：800mm×500mm×650mm
参考价：5678 元
材质：法国榉木
风格：法式浪漫风格

帽灯（蝴蝶结）

品牌：欣意美
型号：M10640
规格：480mm×480mm×850mm
参考价：1390 元
材质：金箔
风格：现代风格、后现代风格

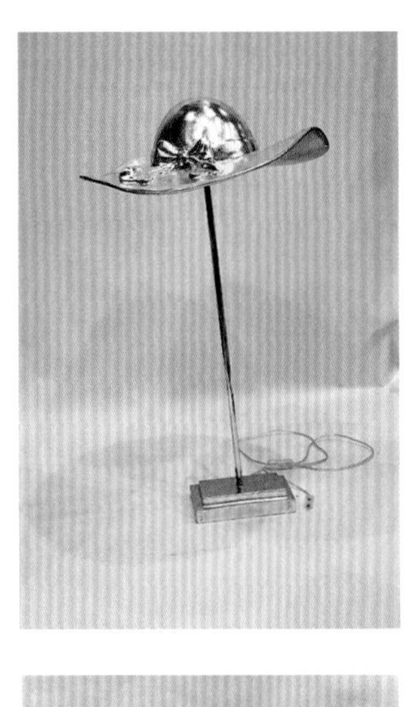

帽灯（礼帽）

品牌：欣意美
型号：M10641
规格：300mm×300mm×830mm
参考价：1280 元
材质：金属
风格：现代风格、后现代风格

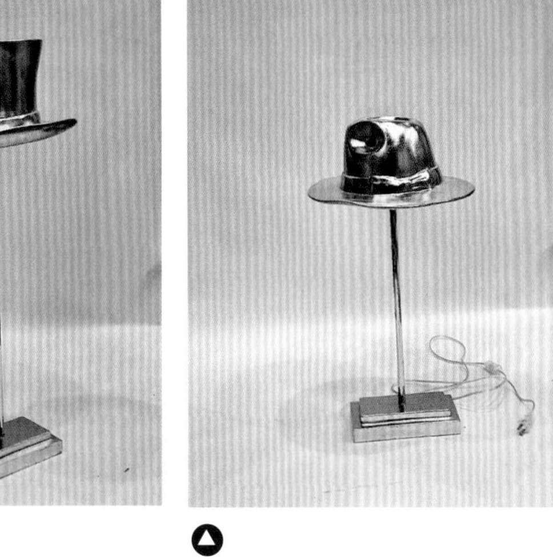

帽灯（牛仔帽）

品牌：欣意美
型号：M10643
规格：310mm×310mm×620mm
参考价：1280 元
材质：金箔
风格：现代风格、后现代风格

帽灯（女士帽）

品牌：欣意美
型号：M10642
规格：300mm×300mm×720mm
参考价：1280 元
材质：金箔
风格：现代风格、后现代风格

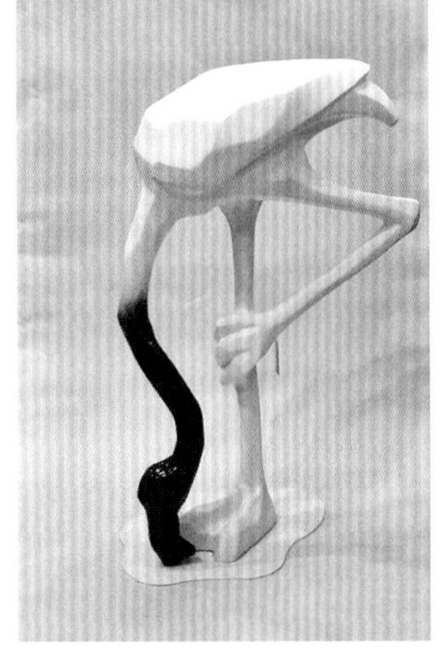

钻石鹤（低）

品牌：欣意美
型号：M10742
规格：800mm×450mm×1050mm
参考价：4600 元
材质：哑白玻璃钢、中国红玻璃钢
风格：现代风格、后现代风格

树

品牌：欣意美
规格：3500mm×3500mm×5000mm
参考价：33 333 元
材质：亮白玻璃钢
风格：现代风格、后现代风格

拉长耳朵（狗）

品牌：欣意美
型号：M10651+ 帽子、M10651+ 皇冠
规格：420mm×210mm×220mm
参考价：1255 元
材质：桃红色玻璃钢
风格：现代风格、后现代风格

钻石鹤（高）

品牌：欣意美
型号：M10741
规格：600mm×450mm×1500mm
参考价：4600 元
材质：哑白玻璃钢、中国红玻璃钢
风格：现代风格、后现代风格

落地鹿（常规）

品牌：悠良创新家居体验馆
型号：UM012
规格：H1440mm × W350mm × L1280mm
参考价：4412 元
材质：实木多层板（原木面）
风格：北欧现代风格
设计说明：书架式小鹿，不仅是一个别致的边桌，还可用来盛放个人物品、文件、首饰等，甚至当作床边收纳柜也是不错的选择。

北欧小木钟

品牌：悠良创新家居体验馆
型号：UM006
规格：H400mm × W 380mm × 厚 6.50mm
参考价：495 元
材质：实木多层板（原木面）
风格：北欧现代风格
设计说明：简洁天然的木质挂钟，创意十足，是非常时尚的家居饰品，满足当代家居需求，尤其是现代年轻人的首选。

挂熊

品牌：悠良创新家居体验馆
型号：UM015
规格：H360mm × W 30.50mm × 厚 350mm
参考价：875 元
材质：实木多层板（原木面）
风格：北欧现代风格
设计说明：熊头壁挂实用而具有创意，实木质地坚固耐用，具有装饰与收纳的双重作用，节省空间的同时为家居生活增添了不少乐趣。

挂狮子

品牌：悠良创新家居体验馆
型号：UM016
规格：H390mm × W320mm × 厚 26.50mm
参考价：875 元
材质：实木多层板（原木面）
风格：北欧现代风格
设计说明：狮子头壁挂实用而具有创意，实木质地坚固耐用，具有装饰与收纳的双重作用，节省空间的同时为家居生活增添了不少乐趣。

新巴洛克原木台灯（曲）

品牌：悠良创新家居体验馆
型号：UM017
规格：H580mm × 直径 320mm
参考价：1225 元
材质：实木多层板（原木面）
风格：北欧现代风格
设计说明：小巧精致，巴洛克元素融入其中，兼具实用性与装饰性。

2.7 米特大骆驼

品牌：悠良创新家居体验馆
型号：UM020
规格：H2100mm × W2700mm × 厚 850mm
参考价：32 500 元
材质：实木多层板（原木面）
风格：北欧现代风格
设计说明：书架式骆驼，不仅是一个别致的边桌，还可用来盛放个人物品、文件、首饰等，甚至当作床边收纳柜也是不错的选择。

牦牛头骨

品牌：深圳博艺标本艺术中心

型号：szby-008

规格：750mm×700mm

参考价：1630 元

材质：天然的动物头骨

风格：欧式风格

设计说明：牦牛头骨选用天然的动物头骨，采用最先进的工艺，保质期长达 50 年。

鹿头

品牌：深圳博艺标本艺术中心

型号：szby-019

规格：1100mm×1000mm×700mm

参考价：12 600 元

材质：天然的动物皮毛

风格：欧式风格

设计说明：鹿头选用天然的动物皮毛，采用最先进的工艺，保质期长达 50 年。

梅花鹿

品牌：深圳博艺标本艺术中心

型号：szby-021

规格：1750mm×1600mm×700mm

参考价：23 000 元

材质：天然的动物皮毛

风格：欧式风格

设计说明：梅花鹿选用天然的动物皮毛，采用最先进的工艺，保质期长达 50 年。

1:1 绵羊

品牌：深圳博艺标本艺术中心

型号：szby-026

规格：1300mm×900mm×450mm

参考价：6500 元

材质：天然的动物皮毛

风格：欧式风格

设计说明：绵羊选用天然的澳洲羊皮毛，采用最先进工艺制作而成，保质期长达 50 年。

马鹿

品牌：深圳博艺标本艺术中心

型号：szby-023

规格：1900mm×1750mm×800mm

参考价：46 000 元

材质：天然的动物皮毛

风格：欧式风格

设计说明：马鹿选用天然的动物皮毛，采用最先进的工艺，保质期长达 50 年。

65 号储物柜

品牌：璐璐生活馆
型号：CMC73
参考价：34 999 元
尺寸：130cm×61cm×83cm

香波床（床垫 180×200）

品牌：璐璐生活
型号：CHA10
参考价：35 999 元
尺寸：215cm×200cm×122cm

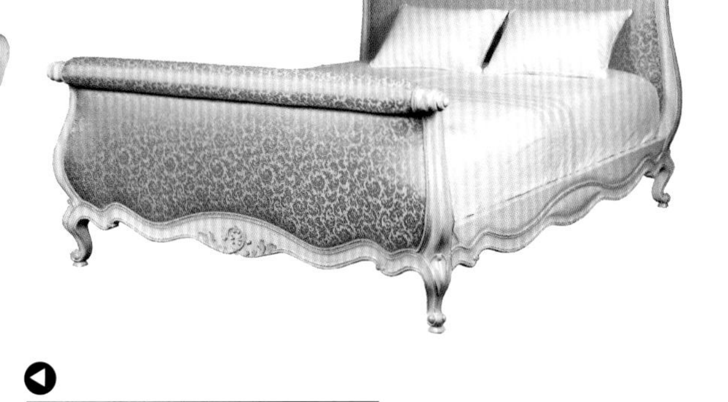

65 号扶手椅

品牌：璐璐生活馆
型号：CFC107
参考价：11 999 元
尺寸：70cm×75cm×95cm

马德里边几

品牌：璐璐生活馆
型号：MDR14
参考价：6599 元
尺寸：60cm×50cm×70cm

65 号长案几

品牌：璐璐生活馆
型号：CMC67
参考价：13 999 元
尺寸：135cm×47cm×90cm

曼特农圆餐桌

品牌：璐璐生活馆
型号：MNT08
参考价：28 999 元
尺寸：130cm×130cm×76cm

64 号三抽储物柜

品牌：璐璐生活馆
型号：CMC63
参考价：23 999 元
尺寸：130cm×60cm×80cm

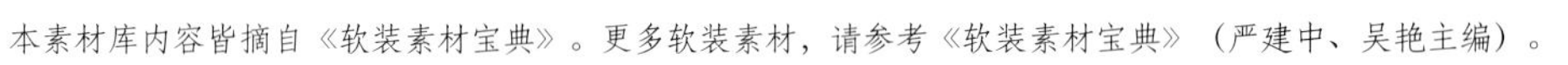
本素材库内容皆摘自《软装素材宝典》。更多软装素材，请参考《软装素材宝典》（严建中、吴艳主编）。

附录 APPENDIX

案例作者简介

黄志达

中国香港建筑与室内设计师。出身于家具世家，受家族产业的熏陶，自幼便开始接触家居行业，从而开启了他的“设计创作”之路。他一贯主张“生活需要无限可能”，在设计与生活方式之间搭建灵感的桥梁；在创作的同时，亦享受设计。他认为，设计不会一成不变，做设计一定要热爱生活、热爱设计，眼界要足够开阔，才能将设计做到极致。

孟也

室内设计师、孟也空间创意设计事务所设计总监、渡道国际空间设计（北京）创始人。孟也设计团队致力于为中国精英阶层定制独特的高端住宅空间，主张设计的多变性及创新性，在北京、上海、深圳、成都、贵阳及江浙多地打造了众多私人别墅府邸及样板间设计项目。著名影星章子怡、伊能静、陈宝国、汪峰、黄渤、梁静、管虎、敬一丹等高端审美诉求人群的住宅设计及建造项目也出自孟也设计团队之手，更铸就了孟也设计团队在“私人住宅定制”空间设计领域里的卓越成绩。

郑树芬

SCD 香港郑树芬设计事务所董事、中国香港著名设计师、英国诺丁汉大学硕士。他投身于中国民族文化的研究，被媒体誉为“亚洲最能将中西方文化融入当代设计的中国香港设计师”。20 世纪 90 年代初，他毅然辞去摩根大通的高薪职务，在中国香港创立了自己的第一家设计公司，如今在全国拥有多家设计事务所；20 多年来，成功打造了无数个精品项目，将中西方文化的融合做到了极致，同时以其“内敛惊艳”的设计手法打造了诸多明星及社会名流的豪宅官邸。其设计项目遍及亚洲、欧洲等，在业界享有良好的信誉和口碑，屡获殊荣，同时受到国内外媒体的广泛关注。

Fabio Galeazzo

2004 年，Fabio Galeazzo 创立了 Galeazzo Design，一家融合了建筑设计、室内设计、产品研发的多学科公司。团队年轻且充满朝气，屡获国内外大奖。作品至今已在超过 50 个国家中被展出，广受好评。

Guilherme Torres

一个完美主义者，他对作品质量的要求体现为采用昂贵但不浮夸的材质。他的作品主要集中为家庭住宅与办公空间的室内设计。同时，他还擅长在空间格局中巧妙地运用自然光，提升空间品质。他的设计颇受年轻人喜欢。

林冠成

于 2006 年创立了“深圳十大设计团队”之一的中国香港林冠成设计事务所（简称“KSL 设计事务所”，任董事长、主设计师职位），拥有多年的建筑概念设计、室内设计、陈设配饰设计等经验；执著的设计态度与独特的设计手法，使其在室内设计行业愈发受到关注与肯定。

Hofman Dujardin

一家从事建筑设计、室内设计和产品设计的事务所，成立于 1999 年，拥有 15 位建筑师；其擅长在创意产品与居住地形图之间进行灵活的转换，致力于打造人性化的建筑设计、室内设计和产品设计，提高生活品质。

Richard Lindvall

斯德哥尔摩设计师，致力于从事室内设计与概念指导，同时在摄影、出版、平面设计领域也有所涉猎。为了打造独特的设计作品，他亲自设计与该室内设计项目相匹配的家居产品。他的设计作品注重空间美学和功能价值，目前已引起众多国际媒体的广泛关注，并获得了“世界室内设计新人奖”国际大奖。

Jean de Lessard

蒙特利尔设计师，拥有超过 20 年的室内设计经验，作品涵盖酒店、餐厅、办公、精品店及豪华住宅。2012 年，获得美国芝加哥 Association of Retail Environment 奖。

Za Bor Architects

一家建筑与室内设计事务所，2003 年成立于莫斯科；以当代美学为目标，建筑设计和室内设计均运用建筑学原理，作品看上去极具几何感。事务所的设计师亲自设计内置的、可移动的家具，所营造的室内空间往往既明亮又宽敞。

刘卫军

亚洲知名设计师，中国十大高端住宅设计师之一，被誉为“中国最具商业价值的设计师”。因擅长主题式空间设计，又被誉为“空间魔术师”。2000 年创立了品伊设计顾问有限公司 & 美国 IARI 刘卫军设计师事务所，经过 10 年的发展，2010 年正式创立了中国第一个创意集团——PINKI 品伊创意集团。

Dariel Studio

一家荣获多项国内外大奖的室内设计事务所，由法国设计师 Thomas Dariel 于 2006 年在上海创立。自成立起，事务所高质量地完成了 60 多个项目，横跨服务业、商业及住宅领域。事务所致力于发挥其独创性和创造力，拥有良好的项目管理制度，确保项目从概念创意到落地实施的完美完成，从而赢得了客户的认可和赞誉。

Dan Pearlman

一家发展策略和创新并举的德国机构。从战略定位到创意概念，面面俱到。业务领域包含建筑、设计、媒体。目前拥有 80 位来自不同国家的兼具创造力和执行力的员工。

中装美艺简介

中装美艺由软装教育权威严建中教授、杰出色彩教育专家吴艳（Grace）教授于2010年在杭州南山路218号中国美术学院创立，是全国最负盛名的软装教育研究产业集团之一；其主编的《软装设计教程》等多部软装设计专业教材是全国软装设计师的主要学习用书。

多年来，中装美艺除了坚持自主创新的办学理念外，凭借完善的教育体系，已经成为各大高校软装设计师资力量的培养基地；其推出的指尖上的魔法、配设五步口诀、软装秒摆、极速软装、色彩的奥秘等经典课程让学习者快速掌握软装学习的密码。学员已经遍布亚太地区，甚至远至欧洲。

中装美艺与凤凰空间及多家权威机构联合举办的《世界向东国际软装设计艺术周》是中国最具影响力的软装界盛会之一，每年举办公益助学、软装艺术展、设计论坛、权威颁奖等活动，其中“金凤凰传承大奖”是一个颁发给杰出设计大师的奖项。

中装美艺旗下佰设佰艺创建的中国软装速算网（www.i-ss.cn）被誉为“永不落幕的在线软装博览会”；这一平台向设计师和学员提供各种软装产品的直接采购代理服务，以及最快速的成本预算评估和设计方案制作服务，让软装设计师实现“一天一套方案”的梦想。

图书在版编目（CIP）数据

软装色彩教程 / 严建中，吴艳主编. — 南京 ：江苏凤凰科学技术出版社，2015.8
ISBN 978-7-5537-5125-2

Ⅰ. ①软… Ⅱ. ①严… ②吴… Ⅲ. ①室内装饰设计
Ⅳ. ①TU238

中国版本图书馆 CIP 数据核字（2015）第 169084 号

软装色彩教程

策　　划　中装美艺
主　　编　严建中　吴　艳
项目策划　凤凰空间/杜玉华
责任编辑　刘屹立
特约编辑　杜玉华

出版发行　凤凰出版传媒股份有限公司
　　　　　江苏凤凰科学技术出版社
出版社地址　南京市湖南路1号A楼，邮编：210009
出版社网址　http://www.pspress.cn
总　经　销　天津凤凰空间文化传媒有限公司
总经销网址　http://www.ifengspace.cn
经　　销　全国新华书店
印　　刷　北京利丰雅高长城印刷有限公司

开　　本　889 mm×1194 mm　1/16
印　　张　17.75
字　　数　426 000
版　　次　2015年8月第1版
印　　次　2017年1月第3次印刷

标准书号　ISBN 978-7-5537-5125-2
定　　价　288.00元（精）